中国科普名家名作

YuanMian Ji Zhi M

趣味数学专辑·典藏版

李毓佩教授献给少儿的礼物

圆面积之谜

李毓佩◎著

中国少年儿童新闻出版总社
中国少年儿童出版社

北 京

图书在版编目（CIP）数据

圆面积之谜 / 李毓佩著. -- 北京 ： 中国少年儿童
出版社， 2024. 8. --（中国科普名家名作）. -- ISBN
978-7-5148-9017-4

I. 01-49

中国国家版本馆 CIP 数据核字第 20249KY341 号

YUAN MIAN JI ZHI MI
（中国科普名家名作）

出版发行：中国少年儿童新闻出版总社
　　　　　　中国少年儿童出版社

执行出版人：马兴民

责任编辑：李　华	封面设计：缪　惟　徐经纬
责任校对：夏明媛	插　　图：晓　劼
责任印务：厉　静	封　面　图：缪　惟

社　　　址：北京市朝阳区建国门外大街丙 12 号　　　邮政编码：100022
编 辑 部：010-57526336　　　总 编 室：010-57526070
发 行 部：010-57526568　　　官方网址：www.ccppg.cn

印刷：北京市凯鑫彩色印刷有限公司

开本：880mm×1230mm　1/32　　　印张：5.25
版次：2024 年 9 月第 1 版　　　印次：2024 年 9 月第 1 次印刷
字数：76 千字　　　印数：1—8000 册

ISBN 978-7-5148-9017-4　　　定价：21.00 元

图书出版质量投诉电话：010-57526069　　　电子邮箱：cbzlts@ccppg.com.cn

圆面积之谜

圆面积之谜

目录

奇妙的曲线

你放过风筝吗？风筝要飞走，我们拉住线不让它飞走，按说应该把线拉得笔直，可是线却是弯曲的。风筝放得越高，线弯曲得越厉害。风筝的线弯曲得很有规律，因为这种弯曲是在一定的条件下产生的。

我们要讲的，就是这种在一定条件下产生的有规则的曲线。没有规则的随便画出来的曲线，不是我们要讲的对象。

你沿着一条直线前进，方向是可以始终确定

不变的；曲线则不然，要是你沿着一条曲线前进，就会由于曲线有弯曲而不断改变方向。我们无法用直尺去量曲线的长短和弯曲程度。不过，我们可以根据产生曲线的条件，想办法用直线去认识曲线，了解它的变化规律、特性和用处。千百年来，人们在这方面积累了丰富的经验。

要是我们把各种曲线和曲线形，比作一座高大的建筑，那么，简单的直线和直线形，就是它的可靠基础。

圆

从三角形到圆

三角形是最简单的直线形。

把一条边相等的两个三角形对接在一起，就成了一个四边形。在四边形上，再对接上一个三角形，就成了一个五边形。从道理上来说，你想要多少边形，就可以画出多少边形。

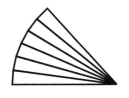

多边形又叫多角形。在各种各样的多边形中，以各边相等、各内角相等的正多边形最为重要。

最简单的正多边形是正三角形和正方形。正五边形是我们经常见

到的，连接它所有的对角线，就是一个五角星形。正六边形我们也经常见到，一般的螺钉帽是正六边形的，蜂巢和一些昆虫的复眼，是由许多很小的正六边形构成的。按着这个顺序排下去，我们可以一直排到边数为任何正整数的正多边形。

正多边形有一个共同的特点，这就是都可以作一个外接圆和一个内切圆。正多边形的边数不断增加，它的边就与它的外接圆和内切圆越来越靠近，越来越像一个圆。

我们经常把大烟囱说成是圆的。仔细想一下，烟囱是用砖砌起来的，砖的各面都是直的，用直的砖怎么能砌成圆的烟囱呢？这样看来，把烟囱说成是圆的就成问题了？是的，砌烟囱的每一层砖都围成一个正多边形，它不是圆的。不过，你也没有必要去矫正人们对烟囱的习惯认识。由几十

块、上百块砖围成的一个正多边形，和它的外接圆实际上已经很难区分开了。

烟囱是正多边形的，人们却认为它是圆的，这个现象启发了我们：在一定条件下，直线可以向曲线转化，说明在直线和曲线之间，并没有一条不可逾越的鸿沟。

圆的世界

圆是最常见的曲线。我们居住的地球是圆的。给地球光与热的太阳是圆的。

人的眼珠是圆的，体内的红细胞、血小板也是圆的。在人体的里里外外，可以找到许许多多圆形的组成部分。

动物的外形也有许多是圆的，蛇像一条圆锥，蚯蚓像一条圆柱，麻雀像一个圆球连在一个椭圆球上，再接上一个扇形的尾巴。植物的叶绿体是圆的，许多根、茎、

叶、花、果实是圆的。

随着科学技术的发展，人们曾想象组成万物的原子是圆的。用电子显微镜拍到的照片，可以看到各种不同的原子，它们的确是圆的。

自然界充满了圆。但是，人类在自己发展的漫长岁月中，画出圆、制造圆形的东西，还只是很短的一瞬。今天，要是没有了圆形的东西，人类的生产和生活简直不堪设想。

圆为什么这样重要

为什么人类发展过程中重用圆？为什么我们今天的生产和生活离不开圆？原因很多。

圆是最简单、最容易画的图形；圆形的东西，也容易制作。

我们的祖先，很早就会画圆和制作圆形的东西。地下发掘出来的公元前一两千年的陶器，大多数是圆形的，有的上面还画有圆形的

图案。

你也许会问,那时候的人有圆规吗?其实,找一枝树杈或者一根藤条,就可以画圆。这就是最早的圆规。

圆有一个独特的性质,就是圆周上的每一点,到圆心的距离都相等。

自古以来,人们把车轮做成圆形的,就是利用圆的这个性质。右图是最早的木制自行车。

你看,它的车身是固定在车轴上的,车轴是车轮的圆心。这样,车轮不停地转动,车身保持在一定的水平位置上,车辆行驶起来就又快又平稳了。

把各种各样的盖子做成圆的,也是利用圆的这个性质。如果我们把饼干桶的盖子做成正方形的,假设它的边长等于1,由勾股定理可以算出来,它

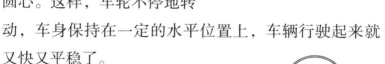

的对角线是 $\sqrt{2}$ 。$\sqrt{2}$ 大于 1，盖子很容易掉进桶里去。圆的盖子就没有这个问题。

球形的容器用材料最省，也就是说，用同样多的材料，以做成球形的容器能装的东西最多。

你小时候玩过吹泡泡吗？用一支吹管蘸一点儿肥皂水，用嘴轻轻一吹，一个圆圆的肥皂泡就飞起来了。

为什么吹出来的肥皂泡都是球形的呢？这是因为肥皂水有一种表面张力，它总是把肥皂泡的表面收缩成最小。球形的肥皂泡说明，在体积一定的各种形状的物体中，以球形的表面积最小。把容器做成球形的，就可以使容器在容积相同的情况下用的材料最少。

把粮仓修建成圆柱状的，不只省材料，装得多，而且进出粮食方便，通气较好，容易清理。

把锅、盆、碗、盏做成圆的，还有运输、存放、使用方便和不易损坏等好处。要是把锅、盆、碗、盏

都做成方盒子的样子，那会给我们的生活带来多少不便啊！

π等于多少

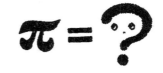

要是有人问你：π等于多少？它的含义是什么？你会很快地回答出来。要是人家进一步问你：为什么圆有圆周率？为什么大圆和小圆的圆周率是一样的？它是怎样算出来的？你恐怕会感到不太好回答了。

很早以前，人们就知道用直尺作为长度的标准，来度量线段的长度；也知道通过度量直线形的边长、高和对角线的长度，来计算直线形的周长和面积。但是，怎样度量和计算圆的周长和面积呢？人们却经过了一条十分曲折的道路。

用直尺去度量吗？不行。从道理上来说，直尺和圆周只能相切于一个点，而点是没有长度的，可见无法度量，或者说量出来的长度总是零。

做一种专门度量圆周的"圆弧尺"吗？也不行。

9

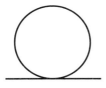

圆有大有小，半径越小，圆周弯曲越厉害；而两条半径不同的圆弧，也只能相切于一个点。谁也无法做出一把这样的圆弧尺，它可以度量所有大小不同的圆。

用线或者绳子去量吗？可以是可以，但是误差太大，也不方便。

人们在长期和圆打交道中，开始思考一个问题：圆中包含着两个长度，一个是直径，一个是圆周，在它们之间，有没有一定的联系呢？

问题提出来了。人们又经过长期实验和研究，发现在它们之间有着确定的关系，这就是在各种大小不同的圆中，周长和直径的比都相等。换句话说，对于所有的圆来说，周长和直径的比等于一个固定的常数，人们把这个常数叫作"圆周率"。

这个发现十分重要。只要想办法把圆周率求出来，就可以用直径乘上圆周率，准确地得到圆的周长，进一步再算出圆的面积和球的体积。问题是怎样才能知道圆周率的数值呢。

古代的中国、埃及和希腊，都有不少学者求过圆

周率。在我国一部古算书《周髀（bì）算经》中，就提到"径一周三"，意思是说圆周率等于3。现在，我国把"3"称为"古率"。古埃及人使用的圆周率是3.16；古罗马人使用的圆周率是3.12。著名的古希腊学者阿基米德，曾得到圆周率为$3\frac{1}{7}$。

古代的学者求圆周率，使用了哪些方法呢？下面介绍一种重要的、有代表性的方法。

刘徽割圆术

刘徽是我国魏晋时期的数学家。他的生平事迹，现已无法查考，只知道他在公元263年，对我国一部古算书《九章算术》做过注解。在刘徽的注解中，记载了他创造的一种求圆周率的方法，叫作"割圆术"。

刘徽是怎样"割圆"的呢？他首先在圆内作一个内接正六边形，然后根据圆内接正六边形的每条边长都等于半径，6条边等于3倍的直径长，从而指出古率

为"3"，实际上不是圆的"周率"，而是圆内接正六边形的"周率"。

刘徽对古率不满意，认为过于粗糙。为了改造古率，他把圆内接正六边形每条边所对的弧平分，用刘徽的话说就是割圆，把割到的6个点，与圆内接正六边形的6个顶点顺次连接，得到了一个圆内接正十二边形。他认为圆内接正十二边形的周长，更接近圆的周长。

刘徽就是这样成倍增加圆内接正多边形的边数，一直算到圆内接正一百九十二边形，算得圆周率的近似值是3.14。

刘徽的割圆术是很科学的。他的贡献，不只在提供了比古率精确得多的圆周率，更重要的，是他为计算圆周率提供了正确的方法。

为了纪念刘徽的功绩，人们把他所创造的割圆术叫作"刘徽割圆术"，把他计算的圆周率3.14叫作"徽率"。

伟大的祖冲之

随着科学技术和生产的发展，人们对圆周率的精确度要求越来越高。刘徽之后，我国又有许多学者研究过圆周率，其中最有成就的，要算南北朝时期的祖冲之。

他计算的圆周率，准确到小数点后第七位：

3.1415926＜圆周率＜3.1415927

要是用这个圆周率去计算一个半径为10千米的圆的面积，误差不超过几平方米。

祖冲之计算圆周率，使用了一种叫作"缀术"的方法，可惜这种方法早已失传，无从查考。要是缀术就是割圆术，那祖冲之要算出圆内接正24576边形的周长，才能得出小数点后第七位那样精确的数字。计算这样一个圆内接正多边形的周长是相当繁杂的，除去加、减、乘、除，还要乘方和开方，开方尤其麻烦，估计他计算的时候，得保留16位小数，进行22次开方。当时还没有算盘，只能用一种叫作"算筹"的

小竹棍摆来摆去进行计算，可见祖冲之计算圆周率花费劳动之大！他是世界上第一个把圆周率算到小数点后第七位的数学家。差不多过了1000年，才有人把圆周率计算得更为精确。

祖冲之不只以小数形式表示了圆周率，他还以分数形式表示圆周率，提出"约率"为 $\frac{22}{7}$ ，"密率"为 $\frac{355}{113}$ 。约率的意思是精确度比较低， $\frac{22}{7}$ 大约等于3.142，相当于徽率；密率的意思是精确度比较高， $\frac{355}{113}$ 大约等于3.1415929，小数点后有6位准确数字，这是相当精确了。用分数表示圆周率，给运算带来了许多方便。

人们为了纪念祖冲之的伟大功绩，把他算得的准确到小数点后第七位的圆周率称为"祖率"。

刻在墓碑上的圆周率

圆周率 π 是一个无理数，也就是一个无限不循环小数。

过去，有许多人计算过更精确的圆周率。比如16

世纪德国有个叫卢道尔夫的人，他几乎花费了毕生的精力，把圆周率算到了小数点后面35位。他嘱咐他的孩子，在他死后，要把他计算的圆周率刻在他的墓碑上。他计算的圆周率为：

3.14159265358979323846264338327950288

现在用电子计算机，可以把圆周率的数值算到小数点后百万亿位。其实，把圆周率的数值没完没了地算下去，并没有什么实用价值。我们要计算地球赤道的周长，要求误差不超过一厘米，只要把圆周率取到小数点后面第九位就够了。

椭圆

人造地球卫星的轨道

1970年4月24日，我国成功地发射了第一颗人造地球卫星。

我国在新闻公告中，公布了有关这颗卫星的几个重要数字：重量173千克，远地点2384千米，近地点439千米，绕地球一周114分钟，与赤道平面夹角68.5度。

这几个数字像一幅速写画，寥寥几笔，就把卫星飞行的情况勾画出来了。卫星飞行到离地面最远的距离是2384千米，飞行到离地面最近的距离是439千米，说明它的飞行轨道不是圆，而是一个椭圆。

椭圆很好画。在桌子上放张纸，把两颗大头钉钉

在纸上，再把一根线的两头系
在大头钉上，用一支铅笔把线
拉成折线，顺着一个方向，像
用圆规画圆那样，画出来的就
是一个椭圆。

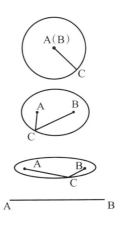

这个画法告诉我们：一个
动点到两个定点的距离之和保
持不变，动点画出来的图形，
就是椭圆。

要是我们改变大头钉之间的距离，或者改变线的
长短，可以画出各种各样的椭圆来。

线的长度不变，两个大头钉之间的距离越远，椭
圆越扁；两个大头钉之间的距离越近，椭圆就越鼓；
两个大头钉要是重合在一起，椭圆就变成圆了。要是
大头钉之间的距离不变，线越长，椭圆越大越鼓；线
越短，椭圆就越小越扁，直到成为一条直线段。

椭圆各部分都有名字，两个定
点 F_1、F_2 叫作焦点；过焦点 F_1、F_2
的直线与椭圆交于 A、B 两点，AB
叫作椭圆的长轴；AB 的中垂线与

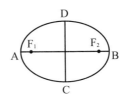

椭圆交于 C、D，CD 叫作椭圆的短轴。椭圆的焦点总是在长轴上。

人造地球卫星的轨道，除个别是圆外，绝大多数是椭圆，地球的中心，也就是地心，位于椭圆的一个焦点上。

一个物体围绕地球旋转，要不被地球引力拽下来，它的初速度不能小于7.9千米/秒，这叫作第一宇宙速度。

如果飞行速度恰好等于第一宇宙速度，那么，物体正好维持自己不被地心引力拽下来，它飞行的轨道是一个圆。如果物体飞行速度大于第一宇宙速度，它就要挣脱地心引力往外飞。物体在飞离地球的过程中，要不断克服地心引力，飞行速度就会逐渐变小，到速度减小到不足以挣脱地心引力的时候，它会被地心引力往回拽。在接近地球的过程中，物体飞行的速度又逐渐加大，最后又挣脱地心引力往外飞。这样周而复始，物体的飞行轨道就成了椭圆。物体初速度越大，它挣脱地心引力往外飞得越远，它的椭圆形轨道的长轴也越长。

物体需要多大初速度，才能挣脱地心引力，飞离

地球呢？经计算，初速度不能小于11.2千米/秒，这叫作第二宇宙速度。

我国第一颗人造地球卫星的轨道既然是一个椭圆，那么，它的（长轴AD）＝（远地点AB）＋

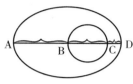

（近地点CD）＋（地球直径BC）＝2384＋439＋2×6371＝15565千米。我们还可以算出它在近地点的速度最大，等于8.1千米/秒；在远地点的速度最小，等于5.2千米/秒。

太阳系的八大行星，围绕太阳旋转的轨道都是椭圆，太阳位于一个焦点上。在太阳系中，还有彗星和流星等天体，它们运行的轨道，也有许多是椭圆的。

壮观的狮子座流星雨

夏天的晚上，人们都喜欢在庭院里乘凉。在繁星点点的夜空中，有时会出现一道亮光，一闪即逝。孩子们看见了，高兴地叫起"流星"来。流星是地球以外的物质。它们进入地球的大气层，与空气摩擦，发热燃烧，留下一条光亮的痕迹。

1833年11月13日凌晨，全世界很多地区的居民，都看到了满天流星，像下雨似的落下来，场面十分宏伟。在几小时之内，出现的流星和火球有20万个之多。看起来，它们像节日夜晚放的礼花那样，好像从一个点迸发出来的。这个点的位置在狮子座附近，于是人们把这次流星雨称为"狮子座流星雨"。

天文学家查考了中国和阿拉伯的古书，发现常有关于11月流星雨的记载，而且出现的年代是有规律的，大约每隔33年或者34年出现一次。于是，人们满怀信心地等待着它下一次再出现。过了33年，到了1866年，不少天文爱好者守望天空，果然又看见了流星雨。

狮子座流星雨是怎样产生的呢？原来流星雨本是集结成群的无数小流星，它们也以椭圆形的轨道绕着太阳转圈子。狮子座流星群的轨道很扁，远日点在天王星的轨道以外，近日点正好和地球的轨道相交。每隔33年或者34年，这群流星正好和地球相遇，其中有

些受到地心引力的影响，进入地球的大气层，与空气
摩擦，燃烧发光，于是形成了光彩缤纷的流星雨。这
时候地球运行的方向正指向狮子座，所以这些流星好
像都是从狮子座附近迸发出来
的。右图的 A 是太阳，B 是地
球的轨道，C 是流星群的轨
道，D 表示狮子座的方向。

不过最近几次，狮子座流星雨越来越小，只偶尔
有疏疏落落的几点。可能是这个流星群已经衰落了，
也可能因为地球只在它的边缘擦过。1998 年，地球再
一次和狮子座流星群相遇，我们并没有看到期望的壮
丽景象。

椭圆和声音

与椭圆相关还有一个重要的
物理性质，就是从一个焦点上发
出来的声音、光或者热，经椭圆
反射，可以全部聚集到另一个焦
点上。

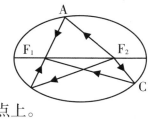

我们以椭圆的长轴为轴，把椭圆旋转一周，可以

得到一个旋转椭球面。过长轴的任一平面，与椭球面的交线都是相同的椭圆。这个事实告诉我们，椭球面和椭圆有相同的性质，也可以把一个焦点处的声、光或者热，全部反射集中到另一个焦点处去。

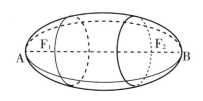

古代的希腊人，曾经修建过椭球形的音乐厅，把演奏台设在其中的一个焦点上。他们认为把音乐厅修建成这样，一个乐队演奏，两个焦点处同时发出声音，就相当于两个乐队同时演出，听众可以大量增加。实际上，这样的音乐厅并没有使用价值，因为音乐厅中，除了在另一个焦点上能听到很大的声音以外，其他许多位置上的听众，听到的声音都不大。

抛物线

掷铅球的时候

我们在体育课上要学习掷铅球。老师告诉我们，掷铅球不要平着推，更不能往下推，必须往上倾斜一定角度推出去，让铅球沿着一条曲线运行，才能投得远。这条曲线就是抛物线。

日常生活中见到的抛物线是很多的。向空中斜扔出任何东西所经过的路线都是抛物线；跳高和跳远的起落路线是抛物线；手榴弹、枪弹和炮弹飞行的路线是抛物线；节日的焰火，五颜六色，千姿百态，大部分也是抛物线。

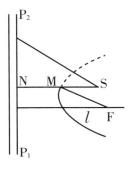

抛物线如此之多，怎样画出一条抛物线呢？下面介绍一种直观的画法。

把一根线的一头，用图钉固定在三角板的顶点S上，让这根线的长度等于三角板的一边SN，线的另一头用图钉钉在任选点F上；用铅笔把线拉紧，并且让铅笔压在三角板SN边上；然后把三角板的一边，沿着直尺P_1P_2滑动，铅笔画出来的曲线就是抛物线。

从这个画法中，我们可以看出铅笔尖M到直尺P_1P_2的距离，跟它到图钉F的距离总是相等的，即NM=MF。这样画出来的曲线，只是抛物线的一部分，想画出来的部分多一些，要用比较长的三角板和直尺。

这个画法告诉我们：一个动点到定点和定直线的距离总是相等的，动点所画出来的图形叫作抛物线。定点F叫作焦点，定直线P_1P_2叫作准线，过焦点向准线作的垂线l叫作对称轴。

抛物线有一个重要的性质，你在抛物线的焦点F处放置一个灯泡，灯泡发出来的光，经抛物线反射后，能变成平行光照射出去。反过来，与抛物线对称

轴平行的光照射在抛物线上，经反射后，能把光线聚集到焦点F处。

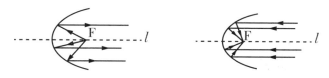

以抛物线对称轴为轴旋转一周得到的曲面，叫作旋转抛物面。抛物面也具有抛物线的聚光性质。它被人们广泛应用在许多领域之中。

手电筒中的抛物面

我们都使用过手电筒，一按电钮，一束光照向远方。不知你注意过手电筒的反光罩没有？你可能认为它的形状是半个球面。其实，它不是半个球面，而是抛物面，电珠就放在抛物面的焦点处。电珠发出的光，经反光罩反射，就成为一束平行光，能照射得很远。探照灯和很多舞台照明灯，用的也是抛物面反光罩。

雷达和太阳能灶

无线电波、微波和红外线、可见光、紫外线、X射线，都是电磁波。它们的传播情况，和光波基本相同。

一束无线电波或微波沿着对称轴的方向传播到抛物面之后，经过反射，也可以聚集到焦点处。因此，收发微波、无线电波的雷达天线，大都做成抛物面的形状。抛物面形状的雷达天线，广泛装置在电视大楼、通信大楼、机场、军舰、高射炮阵地、天文台等地方。它已成为通信、国防和科研中必不可少的工具。

太阳是一个巨大的能源。它每天都把大量的光和热送到地球上来。地上万物的生长，都是阳光哺育的结果。

自古以来，人们就采用各种办法来尽量利用太阳的光和热。随着科学技术的发展，人们正在寻找更有效的方法来利用太阳能。制作太阳能灶，就是其中的

一个好方法。

太阳能灶的主要部件是一个抛物面。因为太阳离地球很远，我们可以把太阳光看成是平行光。太阳光沿着对称轴的方向照到抛物面上，就被聚集在焦点处，使那里产生很高的温度。比如我国制作的直径为1400毫米的伞形太阳能灶，它的焦点处温度达600℃~700℃，可以用来烧水、做饭。

"焦点"一词来源于希腊字，它的原意是"炉子"和"火"。太阳能灶的出现，使焦点的原意名副其实了。

天文学家的新武器

光学望远镜帮助天文学家窥探了宇宙的许多秘密。但是来自宇宙的信息，除了可见光之外，还有许多看不见的无线电波、微波、X射线等电磁波。这些电磁波用光学望远镜是看不见的，要想更多地探查和了解宇宙的奥秘，我们必须设法捕捉这些来自宇宙的

电磁波。科技人员给天文学家设计制造了一种新型望远镜——射电望远镜。

射电望远镜的出现，扩展了天文学家的眼界，使他们看到了宇宙中许多用光学望远镜看不见的事物。在射电望远镜的帮助下，天文学家在20世纪60年代相继发现了类星体、脉冲星和宇宙的微波背景辐射等。这些发现，把天文学的研究提高到一个新的水平。

来自宇宙的各种电磁波都是很微弱的。为了把这些微弱的信息收集起来，人们把射电望远镜的天线做成抛物面，把来自宇宙的电磁波聚集在焦点处。为了提高射电望远镜的灵敏度，要求把抛物面天线做得大一些。从道理上讲，直径越大，射电望远镜的灵敏度越高。

有的国家制成了直径为100米的可以活动的抛物面天线；有的国家利用类似火山口的地形，把抛物面天线嵌镶在地面上，直径达300米以上。为了研究更遥远的宇宙现象，天文学家还觉得这些天线的口径太

小。比如要探索银河系以外的秘密，天文学家提出要制造直径为42千米的抛物面天线。在现有的条件下，这么巨大的抛物面天线是根本无法制作的。后来，有的科学家提出用许多小的抛物面天线，把它们排列成环形或者椭圆形的天线阵，可以代替口径巨大的抛物面天线。这样，就解决了制作巨大抛物面天线的困难。

从射电望远镜的发展前景来看，天文学家将越来越依靠抛物线了。

双曲线

双曲线闪光灯

早期新闻记者使用的拍照闪光灯外号叫"大头灯"，必须放在比较近的地方才能照清楚，而且灯光非常刺眼，地面上又有许多电线。

后来，为了保护被拍照人的眼睛和提高使用方便程度，闪光灯逐渐改进，最终可以放在比较远的地方，而且光线柔和，不刺眼睛。

改进后的闪灯比较小，电瓶带在打灯人的身上，不需要电线，可以离得比较远，光又很柔和。1972年美国总统尼克松访华，首次使用了这种新闻拍照闪光

灯，效果很好。这种闪光灯的反光罩是双曲线形状的。

在日常生活中，我们经常见到双曲线。带罩的台灯，上下照出一对双曲线形的亮区；汽车灯照在马路上，也照出两个双曲线形的亮区；发电厂、化工厂的冷却塔，它的壳体也是由双曲线旋转成的。这种冷却塔，有接触面大、通风好、冷却快和节省建筑材料等许多优点。

双曲线不像椭圆好画，下面介绍一种"拉锁画法"：

取一条拉锁，打开一部分；在拉开的两边上，各选择一点，使它们到 P 点的长度不相等。

把选择的两点，分别固定下来（F_1 和 F_2）；在 P 点处放上一支铅笔：逐渐拉开拉锁，铅笔跟着移动，就画出双曲线的一支了。

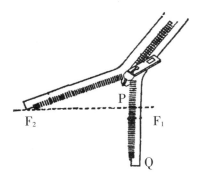

　　从上面的画法可以看到，P 点到 F₂ 的距离减去 P 点到 F₁ 的距离，等于一个定值，就是长度 F₁Q。我们拉开拉锁，P 点到 F₁ 和 F₂ 的距离，都增加了相同的长度。所以 P 到 F₂ 和 F₁ 的距离之差，始终保持一个定值，就是 F₁Q。在 PF₂>PF₁ 的条件下，我们只能画出靠右边的一支双曲线；要是换一下位置，让 PF₁ 减去 PF₂ 的差等于定长 F₂Q，就可以画出对称的另一支双曲线。

　　概括起来说，一个动点到两个定点距离之差的绝对值，等于一个固定的常数，动点画出的图形就叫作双曲线。两个定点叫作双曲线的焦点。绝对值的意思，是包括 PF₂>PF₁ 和 PF₁>PF₂ 这两种情况。只有考虑到这两种情况，才能画出一对双曲线。

　　双曲线比椭圆和抛物线有更奇妙的性质。

　　在双曲线右焦点 F₁ 处放置一支蜡烛，蜡烛光经右

边的双曲线反射到我们的眼睛里，我们会产生一种奇

怪的感觉，觉得蜡烛不是放
在右焦点 F_1 处，而是放在左
焦点 F_2 处，烛光是从那里发
出来的。

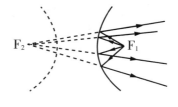

同样的道理，要是有一道双曲线形状的围墙，一
个人站在焦点处朝着墙说话，声音由墙反射到你的耳
朵里，你会产生错觉：这个人不是在墙这边说话，而
是在墙外面较远的一个地方说话。

我国率先制造的双曲线闪光灯，就是利用了双曲
线的这个性质，它的光好像是从较远的地方射来的，
所以比较柔和。

能干的领航员

飞机在辽阔的天空中飞翔，轮船在茫茫的大海中
航行，最重要的一点，就是要随时知道自己所在的位
置。过去，人们常常利用太阳、星星等天体的位置和
高度，来确定飞机和轮船的位置，叫作"天文导航"。
天文导航操作繁杂，误差又大，还要受天气的影响。

近代采用了一种导航方法，叫作"双曲线导航法"。

双曲线导航法有两大优点：一个是导航距离远，可以从几百千米到几千千米，甚至可以达到1万千米以上；另一个是精度高，例如在1300千米范围内，误差只有1千米～1.85千米。

双曲线是怎样为飞机、轮船领航的呢？先谈一下"重音"现象。比如在空旷的地方有两个喇叭，一个距离你远，一个距离你近，它们都接在同一个扩音器上，当有人对着扩音器讲话，你就会两次听到同一句话，这就是重音现象。产生重音现象的原因，是声音在空气中传播的速度是一定的，大约每秒340米，两个喇叭和你的距离不一样远，所以同一句话，到达你面前的时间不一样，于是你先后听到了两次。

双曲线导航法的道理，和重音现象差不多，只是它用的不是声音，而是发射无线电信号。

在地面上建立两个无线电发射台 F_1 和 F_2，它们同时发出相同的无线电信号。比如一架飞机收到 F_2 发出

的信号，比 F1 发出的同一信号晚 2000 微秒，就可以根据 1 微秒等于 $\frac{1}{1000000}$ 秒，无线电波每秒跑 30 万千米，算出飞机到 F_2 和 F_1 的距离差等于 600 千米。到 F_1 和 F_2 的距离差等于 600 千米可以有很多的点，这些点都在以 F_1 和 F_2 为焦点、靠近 F_1 的一支双曲线 l_1 上。这样就限定了飞机所在的范围，但是还不能确定飞机的具体位置。

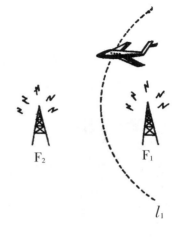

要想确定飞机的位置，必须再设置第三个发射台同时发出无线电信号。有了第三个发射台 F_3 后，就可以算得飞机到 F_3 和 F_2 的距离差，比如为 900 千米，那么，飞机一定在以 F_3、F_2 为焦点、靠近 F_3 的一支双曲线 l_2 上。

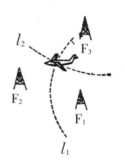

飞机在 l_1 上，又在 l_2 上，就必然在 l_1 和 l_2 的交点处。这样，飞机的位置就完全确定了。

怎样识别双曲线和抛物线

双曲线和抛物线，产生的条件和变化的规律不一样，是两种不同形状和性质的曲线。我们不能用其中的一种去代替另一种，也不能把双曲线看成是由两条抛物线构成的。可是，双曲线的一支，看起来很像抛物线，怎样识别它们呢？

双曲线和抛物线同属圆锥曲线，我们可以用一块平板，以不同角度去截取一束圆锥形的

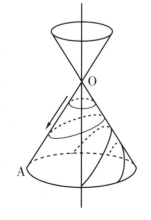

灯光得到它们。平板和地面平行，得到圆；渐渐倾斜，得到椭圆；当平板和圆锥形灯光的一条母线平行，得到抛物线；等到平板的角度再大一些，得到双曲线的一支。

如果我们站在圆锥顶点，顺着母线OA的方向看去，会看到抛物

线的两半支越来越接近平行，向着一个方向伸展出去；而双曲线的两半支却越来距离越远，向着两个不同方向伸展出去。这是直观地识别抛物线和双曲线的一个方法。

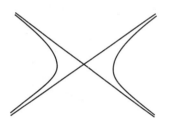

再有一个方法，是双曲线存在着两条"渐近线"，而抛物线却没有渐近线。双曲线的渐近线是两条相交的直线。当双曲线无限伸展的时候，它就越来越靠近这两条直线，近到要多近有多近，但是永远不相交。在圆锥曲线中，只有双曲线具有渐近线。

彗星的轨道

新华社1977年11月13日讯："中国科学院紫金山天文台于11月3日和4日的夜间，连续观测到一颗朦胧状快速移动的天体……这个天体可能是一颗新彗星，目前紫金山天文台正在继续观测和研究中。"

你知道彗星吗？彗星又叫"扫帚星"，它在空中飞行时，常常拖着一条美丽的大尾巴，像把大扫帚在天

空打扫卫生。彗星也是一种天体，它由一个彗头和一个彗尾组成，长相和一般行星不一样。彗星的数目很多，运行的规律也不同，有的每隔多少年，人们就可以看到它一次；有的看到一次之后，从此再也看不到它了。

彗星为什么会有这种不同的情况呢？经过研究，发现这主要取决于它们的轨道。如果彗星的轨道是椭圆的，就绕着太阳转圈。它们也是太阳系的成员，只是轨道大多又扁又长，所以每隔一定的年数，才跟地球接近一次。比如著名的哈雷彗星，大约每隔76年与地球接近一次。它最近两次是在1910年和1986年出现在天空中。有的彗星的轨道是抛物线或者是一支双曲线，它们来自太阳系之外，只是受到了太阳的引力，偶尔在太阳系中路过，一去就不复返了，好似匆匆的过客。

到目前为止，人们计算出七八百颗彗星的轨道。其中以抛物线和椭圆形状的最多，双曲线形状的轨道比较少。

阿基米德螺线

转盘上的奔跑

曾经综艺节目中有这样一个游戏项目，让参加者在一个大转盘上行走或奔跑，这个节目吸引了很多观众。

在一个由机器带动可以旋转的大转盘上，游戏者被要求从转盘中心匀速移动到转盘边缘。下面，我们来研究一下游戏者的行动路线。

转盘不动的时候，观众看到游戏者移动的路线是一条直线。如果游戏者等速往外移动的同时，转盘又等速地旋转起来了，这时候，观众看到游戏者移动的路线就不是一条直线，而是一条曲线了。这条曲线叫

作阿基米德螺线。据说第一个研究这条曲线的，是古希腊的阿基米德，后来就把这条曲线叫作阿基米德螺线了。

根据游戏者在转盘上移动，形成的一条阿基米德螺线，我们可以把阿基米德螺线概括为：在平面上，有一个动点从一个定点开始，同时进行两个等速运动：一个是等速直线运动（游戏者沿着直线往外移动）；一个是环绕定点的等速旋转运动（转盘旋转）。所以阿基米德螺线又叫作等速螺线。如果转盘大得没有边，游戏者可以随着转盘一圈一圈转个没完。

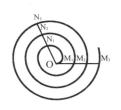

阿基米德螺线有个重要性质：动点从O开始，不断等速前进又不断等速旋转，它到中心O的距离也均匀增加；并且从第二圈开始，每转一圈，往外增加的距离都相等，如左上图中的 $OM_1 = M_1M_2 = M_2M_3 = N_1N_2 = N_2N_3 = $ 常数。反过来，只要具有这种性质的螺线，就一定是阿基米德螺线。

40

熏蚊子的盘香是一条阿基米德螺线。卷筒纸的端面也是一条阿基米德螺线。

有用的凸轮

很多机器有一种重要的部件叫作凸轮。有的凸轮的外形是阿基米德螺线。

右上图是一个阿基米德螺线凸轮和一根活动连杆m相连接。凸轮旋转的时候，推动连杆m来回做直线运动。运用阿基米德螺线可以把等速旋转运动变为等速直线运动，所以可以满足一些机器的设计要求。下面讲一个阿基米德螺线凸轮绕线的例子。

纺织机上用的线轴，是一种大个头的塔形线轴。它是用一种专门的绕线机，把成捆的线绕在塔形的线轴上的。这种绕线机的主要部件，就是由两条阿基米德螺线组成的凸轮，样子像一个歪嘴桃子。凸轮的主要用途，

是推动等速旋转着的塔形线轴做等速上下运动，使线可以一层又一层地从上到下绕到线轴上去。这种机器的绕线本领是很高超的。

你也许会说：谁不会绕线？绕线还要什么技术？但你知道吗，纺织机转动很快，用线很快，要做到绕出来的线不"瞎"并不容易。瞎线就是线轴转到某一处，线拉不出来了，这样就会把线拉断，严重影响生产。

为什么会出现瞎线呢？如果把每一层线都绕成平行的话，外面一层的线很容易夹进里面一层的两条线之间，很难拉出来，这就成了瞎线。为了避免出现瞎线，最好让相邻的两层线，一层平着绕，另一层斜着绕，交替变化着绕，就不容易瞎线了。

怎样才能符合这个要求呢？我们可以这样设想：让塔形线轴向上运动的速度慢一点儿，绕出来的一层线就平一些；再让塔形线轴向下运动的速度快一点儿，绕出来的一层线就斜一些。为了使线绕得均匀，塔形线轴的上下运动还必须是等速的。这样复杂的一项工作，阿基米德螺线凸轮能够很出色地完成。

图中 AmB 一段的阿基米德螺线比较长，推动塔形

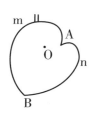 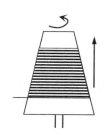 

线轴等速缓慢上升，这时绕出来的线比较平；AnB 一段的阿基米德螺线比较短，推动塔形线轴等速下降比较快，这时绕出来的线就比较斜，完全符合设计要求。

凸轮是许多自动机器不可缺少的部件，根据需要，凸轮的外形线可由多种曲线组成，而阿基米德螺线是其中最重要的。

万能工具显微镜

测量一个物体的长度，一般都用直尺。

我们注意一下尺子上的刻度，就会发现每把尺子都有一个最小刻度，有的是1毫米，有的是 $\frac{1}{10}$ 毫米。如果我们需要精确度量 $\frac{1}{100}$ 毫米、 $\frac{1}{1000}$ 毫米，这怎么办呢？

把尺子再刻细一些吗？那就需要在 $\frac{1}{10}$ 毫米这么短的范围内，再刻上9条或者99条等分线，这是很不容易的。就是刻上了，谁也看不清楚。

最好的办法是把 $\frac{1}{10}$ 毫米放大，这样刻就容易了，也看得清楚了。怎样放大呢？阿基米德螺线能够帮助我们很好地解决这个问题。

阿基米德螺线的一个重要性质，是随着角度等速增加，曲线上的点到中心点的距离，也等速增加。我们只要设计一条阿基米德螺线，使它旋转一圈，往外增加的距离正好是 $\frac{1}{10}$ 毫米；然后再把与它同心的圆周等分成100份。这样，我们就可以把很短的线段，转化放大为圆的弧长来度量了。

下图OA是一个有 $\frac{1}{10}$ 毫米刻度的尺子，阿基米德螺线与标尺OC是固定在一起的，可以转动。把测量物

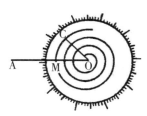

体放在OA方向，一端放在O点，另一端落在M点，比如OM长度比13.5毫米长，比13.6毫米短。这时把OC先旋转到OA方向，然

后旋转OC，使螺线上某一点与M点重合，从圆周刻度上看看OC转过了多少个刻度，比如转过了11个刻度，那么，OM长度就等于13.5+0.011=13.511毫米。我们就把测量精度从 $\frac{1}{10}$ 毫米提高到 $\frac{1}{1000}$ 毫米了。

巧用阿基米德螺线

煤气厂要制作一个煤气储存罐。厂里的煤气多余的时候，要能自动贮存到罐子里去；煤气少的时候，又能自动从罐子里放一些出来。技术员和工人共同努力，制作了一个符合要求的煤气储存罐。

右图是他们制作的煤气储存罐示意图。O是一个滑轮，C是一个大水槽，D是进出煤气的管子，W是与储存罐平衡的重物。煤气一多，气压加大，把罐A向上顶起，就能多存煤气；煤气少时，气压小了，罐A下降，就自动

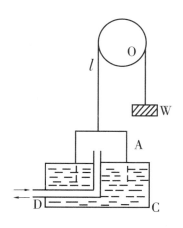

把煤气往管子D里面压。

这个设计看来很好，制作也符合要求，在进行试验的时候，却遇到了一个意外的问题：当煤气把罐往上顶起的时候，吊索承受的罐子的重量减少，右边的重物W通过滑轮，就会把煤气罐拉出水面，煤气就会全跑了。摆在他们面前的问题是：滑轮左端的重量是不断变化的，而滑轮右端的重量是固定不变的，怎样才能使两端的重量总是保持平衡呢？他们没有被突然出现的问题吓倒，而是以更大的干劲投入新的战斗。经过了几次试验，最后找到阿基米德螺线，把这个问题很好解决了。

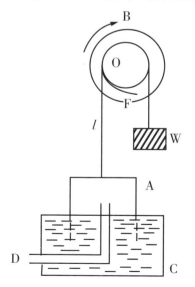

他们在滑轮上焊上一条阿基米德螺线F，把吊索挂在这条阿基米德螺线上。当煤气多的时候，煤气把罐往上顶，左边的重量变轻了，右端重物W拉着滑轮B顺时针旋转。根据阿基米德螺线的性质，在滑轮B

转动的同时，吊索 *l* 到滑轮中心 O 的距离也随着均匀增加，这样一来，虽然两边重量不等，但是仍然可以保持平衡。这是巧妙利用了杠杆的原理。

对数螺线

海螺和葵花的生长线

螺号声声，嘹亮悠远。在一种叫作梭尾法螺的海螺壳上，有一条由小到大、不断转圈的曲线，叫作对数螺线。

对数螺线和阿基米德螺线都是由里向外转的，但是转法不同。

阿基米德螺线的旋转和直线前进都是等速的。它每转一圈所增加的距离是相等的，所以从中心向外，直线前进的距离是 1、2、3、4、5……

对数螺线的旋转也是等速的，但是直线前进的速度却是成倍增加的。它每转一圈所增加的距离是上一圈的2倍，所以从中心向外直线前进的距离是1、2、4、8、16……凡是这样以固定倍数向外扩大的螺线，就叫作对数螺线。

为什么梭尾法螺的壳上，会长出一条对数螺线呢？这表明它在生长过程中，是按照倍数来生长的。

把向日葵花盘上的种子，按照它自然弯曲成的曲线剥去一部分，我们可以清楚地看到葵花子的排列情况，也是一条对数螺线。找一个松塔来，从顶端往下看，我们可以看到一条条自然弯曲的线，这些线也是近似的对数螺线。

根据这种情况，有的科学家把对数螺线称为某些生物的生长线，认为它表明了这些生物的生长规律。

　　为什么这些生物要按照对数螺线生长呢？看来有两方面的原因：

　　一方面是因为这些生物在生长过程中，是绕着圈生长的。这样生长可以使身体占的地方比较小，也比较结实。另一方面是因为生物的生长主要是依靠细胞分裂，而细胞分裂是按照1、2、4、8、16……不断地加倍进行的。这些生物的生长，一边转圈，一边向外直线扩大，这就和游戏者跑转盘的情况十分相像，不同的就在于游戏者是等速向外前进，于是形成一条阿基米德螺线；而海螺、葵花成倍加速向外生长，于是形成了一条对数螺线。

对数螺线和机器的叶片

　　抽水机的涡轮叶片的曲面，也是对数螺线形状。

　　把抽水机的涡轮叶片做成对数螺线形状，好处是抽水量稳

定均匀。

铡草机的刀片，也弯曲成对数螺线。这种形状的刀片，总是按特定的角度切割草料，能铡得又快又好。

不论是涡轮叶片还是旋转刀片，采用对数螺线的形状之所以有种种好处，是因为对数螺线有一个角度不变的特性。这个角就是它的任意一点和中心的连线，与这一点的切线形成的夹角。要弄清楚这个夹角，让我们先了解一下曲线的切线含义和作法。

圆的切线，是和圆周只有一个交点的直线。作圆的切线很容易，连接切点 A 和圆心 O，过 A 再作垂直于 OA 的直线 l，l 是这个圆在 A 点的切线。下雨天骑自行车，车轮上的水，就是沿切线方向甩出去的。

一般曲线也有切线，但是和圆的切线有所不同。和圆只有一个交点的直线，我们可以断定它是圆的切

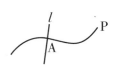
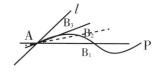

线。一般曲线不是封闭的，和它相交于一点的直线，不一定就是切线。上页图直线 l 与曲线 P 只有一个交点 A，l 显然不是 P 的切线。

一般曲线的切线是这样规定的：过切点 A，先随便作一条割线 AB_1，然后让 B_1 点沿着曲线 P，向 A 点靠拢，我们得到了 B_2、B_3、……割线也随着 B_1 点的运动而转动；当 B_1 点运动到与 A 点重合时，割线也就停止在一个固定位置，在这个特定位置上的直线，叫作曲线 P 在 A 点处的切线。这个规定，与圆的切线规定是一致的。

在设计涡轮叶片和旋转刀具的时候，可以根据要求，计算出合适的角度，选用对数螺线的某一段，就可以使它们达到最高的效率。

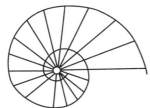

对数螺线有这样一个重要的性质，所以人们又把它叫作"等角螺线"。

圆柱螺旋线

飞蛾的飞行线

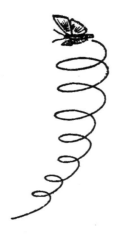

　　飞蛾飞得很慢，也飞得很特别。它经常由上往下或者由下往上转圆圈。这对飞蛾保护自己的生命是很重要的。当蝙蝠或者蜻蜓发现了飞蛾，风驰电掣般向它飞过去的时候，飞蛾一转圈，上下左右的位置都发生了变化，就不容易被吃掉了。飞蛾的这种飞法是很巧妙的。它飞的是一条近似的圆柱螺旋线。

　　根据飞蛾的这种飞法，我们可以这样来认识圆柱螺旋线：一个动点沿着圆柱面等速旋转，同时又等速上升，画出来的线就叫作圆柱螺旋线。螺旋线不在一

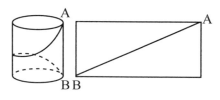

个平面上，是一种空间曲线。

如果在圆柱表面截取一段，截取的长度恰好是螺旋线转了一周；再沿着母线AB把这一段圆柱面剪开摊平，我们就得到了圆柱的侧面展开图。它是一个长方形，而螺旋线就是这个长方形的一条对角线。

这件事启发了我们：只要裁出一个长方形，画出它的对角线，然后把长方形卷成一个圆柱，对角线就是这个圆柱的螺旋线。

圆柱螺旋线的用处很大，许多弹簧和机器的螺丝杠螺纹，就是螺旋线。

壁虎吃苍蝇

路边放着一个圆柱形的大水泥管。有一只苍蝇停在上面。在苍蝇下面爬着一只壁虎。壁虎一动也不动，两只眼睛盯住上面的苍蝇。不一会儿，只见壁虎沿着图上画的路线，敏捷地跑了过去，一口就把苍蝇咬住了。

壁虎在水泥管面上走的是一条螺旋线，这是一条奔向苍蝇的最短路线。

为什么在圆柱面上两点间的最短距离，是通过两点的螺旋线呢？我们知道，平面上两点之间的距离以直线为最短。要是我们把水泥管沿母线方向断开，把它展开成平面，假定苍蝇在 A 点，壁虎在 B 点，从长方形上看，很显然，A 和 B 之间的最短距离，是连接 A、B 的直线段 l。要是我们再把长方形卷回成圆柱形，那么，直线段 l 就成了通过 A、B 两点的螺旋线了。可见圆柱面上两点间的最短距离，是通过两点的螺旋线。

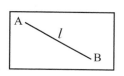

不过，我们要注意两种特殊情况。一种情况是两个点恰好在同一条母线上，这时，两点间的最短距离

55

是直线。另一种情况是两点恰好在垂直于母线的圆上，这时，两点间的最短距离是圆弧。

牵牛花的缠绕线

圆柱面上 A、B 两点间的最短距离，是通过 A、B 的螺旋线。

螺旋线的这条重要性质，对于研究牵牛花的生长也是有用的。

牵牛花是蔓生植物，要缠绕在其他物体上生长。牵牛花是怎样往上绕的呢？人们经过研究，发现也是一条螺旋线。

牵牛花为什么要按着螺旋线来生长呢？我们知道，植物生存需要阳光，只有长得更快更高，才能不被其他植物遮在下面。牵牛花也是这样。它一方面缠绕别的植物生长，一方面尽快往高处爬，于是形成了螺旋线。

正弦曲线

大雁翅膀的飞行曲线

你知道大雁在空中飞行，它的翅膀上下扇动划出来的是什么曲线吗？那就是我们要介绍的正弦曲线。

一个动点在做上下等距离、等速度振动的同时，又横向做匀速的直线运动，这个动点画出来的曲线叫作正弦曲线。

不仅大雁的翅膀划出来的是正弦曲线，凡是用翅膀飞行的动物，当它不断地振动翅膀做匀速直线飞行的时候，它的翅膀划出来的曲线，都是正弦曲线。

正弦曲线有个特点，整条曲线是由同样一段曲线反复出现组成的。

在大雁飞行中，这同一段曲线，就是大雁翅膀尖上下飞动一次划出的曲线，再往后就是这段曲线的重复出现了。数学上把具有这种性质的曲线，叫作周期性曲线。

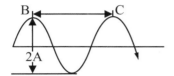

我们把大雁翅膀上下运动一次所用的时间叫作一个周期。在这个周期中，大雁翅膀尖划过的垂直距离是2A，我们把2A的一半A叫作振幅。大雁的翅膀上下运动的周期比较长，振幅也比较大；麻雀翅膀上下运动的周期比较短，振幅也比较小。

如果我们把正弦曲线多画一些，你会发现正弦曲线很像水中起伏的波浪。所以有人把正弦曲线形象地叫作"正弦波"，把正弦波的最高点叫作波峰，最低点叫作波谷。两个相邻波峰B、C间的距离叫作波长。

把一块石头投入水中，会激起水的上下振动，这种振动以同心圆的形式等速向外传播。在这里，水的振幅不是一成不变的，而是越向外传播，振幅越小，所以画出图来不是一条正弦波，而是一条振幅越

来越小的周期性曲线。我们把这种曲线叫作"阻尼振动曲线"。

阻尼振动就是需要克服外界阻力的振动。它要不断克服阻力，所以振幅越来越小。一

根绳子下面挂着重物左右摆动，振幅越来越小，这也是一种阻尼振动。

螺旋线变正弦曲线

圆柱螺旋线是一种空间曲线，我们用投影的办法，可以把它变成平面的正弦曲线。

在一个透明的玻璃圆柱面上，用墨画上一条螺旋线；再用一束平行光线，按着与母线垂直的方向去照射圆柱面，螺旋线在墙壁上留下的影子，正好是一条

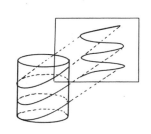

正弦曲线。

　　大雁翅膀上下运动的正弦曲线，是根据观察和想象画出来的。由螺旋线平行投影得到正弦曲线，相当费事，也不容易画准确。比较简便可靠的办法，是把一张长条纸在一根圆木棍上绕几匝；用一把锋利的刀子，把木棒斜着削成两段，截口是一个椭圆，把纸打开，就得到了一条正弦曲线。

交流电的"模样"

　　我们日常使用的电，主要是交流电。电流通过灯泡，电灯就亮了。交流电藏在电线里，我们看不见也摸不着。不过，人们通过一种特制的仪器，可以看到交流电的"模样"，这种仪器叫作示波器。

　　示波器的构造原理和电视机差不多，电视机可以显示人像，示波器可以显示交流电的"相"。交流电在

示波器中所显示出的图像，就是一条正弦曲线。

在供电正常的时候，交流电"神色"正常，波形是一条完整的正弦曲线。如果电路中出现了问题，交流电"神色"突变，模样大改，比如变成锯齿波。这样，我们就可以通过示波器来监视电路和供电是否正常了。

旋轮线

车轮滚滚

我们都很熟悉车轮滚动的情况。如果我们在自行车的外带边缘上用红漆点上一点P，车轮沿直线向前滚动，红点P画出来的曲线是什么样子呢？下面的曲线就是红点P画出来的。这条由轮子旋转出来的曲线叫作旋轮线。

旋轮线的形状是一拱接一拱的，只要车轮不停地转动，画出来的旋轮线就没完没了。我们很容易看

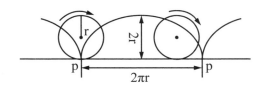

出，旋轮线的每一拱，横向长度都等于轮子的周长
2πr，每一拱旋轮线的高度都等于车轮直径2r。

一个圆沿着一条直线做无滑动的滚动，圆周上一
点画出来的曲线叫作旋轮线。无滑动的滚动就是纯滚
动。我们一定要重视这一点，如果稍有疏忽，就可能
产生大问题。下面给你讲一个著名的亚里士多德诡辩。

亚里士多德是古希腊的
哲学家，诡辩就是用貌似正
确的手段，来论证错误的结
论。亚里士多德的诡辩是这

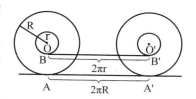

样的：有两个大小不等的同心圆，半径分别为R和r
（R>r）。大圆沿着直线滚动一周，直线段AA'的长度应
该等于大圆的周长，即AA'=2πR。大圆和小圆同心，
是固定在一起的。大圆滚动一周，小圆也同样滚动了
一周，这样一来，应该是BB'=2πr。因为AA'=BB'，所
以2πR=2πr，两边同时约去2π，就得到R=r，得出了大
圆和小圆半径相等的谬论。

亚里士多德诡辩的错误出在什么地方呢？问题就
出在是否纯滚动上。大圆滚动一周，从表面上看，小
圆也滚动了一周。实际上，小圆不是纯滚动，它由大

圆带着，一面滚动，一面往前滑动。小圆的运动是"连滚带爬"，BB'就不是小圆的真正的周长，而是比小圆周长来得长。忽视了小圆滚动中还掺杂有滑动，就得出了错误的结论。

奇怪的滑梯

游乐场里有一座直滑梯。在这座直的滑梯旁边，新修了一座弯曲的滑梯，一旁还立着一块牌子，上面写道："小朋友们，这两座滑梯一样高，滑出去的距离也一样远。你们可以找两个小朋友从两个滑梯上同时下滑，看看谁先滑到底，再想想这是为什么。"

这座奇怪的新滑梯吸引了许多小朋友，也吸引了不少成年人。小朋友们两个两个地进行比赛，结果总是滑新滑梯的小朋友先到底。这个情况，引起了两位中学生的议论。

甲："从道理上来讲，应该是滑直滑梯的小朋友先到底呀！"

乙："那是为什么？"

甲："两点之间，直线最短嘛。"

乙："那滑的结果，为什么反而是滑弯滑梯的先到底呢？"

甲："这我也说不清楚，但是有一点可以肯定，滑弯滑梯的小朋友，下滑的速度一定比较快，所以每次都是先到底。"

乙："为什么滑弯滑梯会快呢？"

甲："这我就不知道了。"

好，我们一起来研究一下这个问题。甲说的道理是对的。滑弯滑梯的小朋友，虽然滑行经过的距离比较长，但是下滑的速度快，所以总是先到底。

原来这座弯滑梯，它的滑面是根据旋轮线来做的。我们知道，小朋友能沿着滑梯自由下滑，是由于受了重力的作用，也就是地球引力的作用。下滑速度

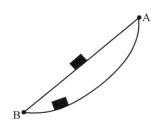

的快慢，决定于在下滑方向上重力分力的大小。

按着旋轮线下滑，恰巧可以得到最大的平均速度。通过A、B两点的旋轮线，虽然比过A、B两点的直线段长，但是沿着旋轮线下滑的平均速度，却比沿着直线下滑的平均速度快，快到滑旋轮线滑梯的小朋友总是先到底。

由于旋轮线有这个性质，所以它又叫作"最速降线"。

"大屋顶"上的曲线

在我国古建筑中，有一种"大屋顶"的房子。北京故宫的房子，差不多都是大屋顶。从侧面看，这种

房子的屋顶不是三角形，而是两条曲线，房檐还高高地往上翘起来，格外雄伟好看。

大屋顶上的曲线也是旋轮线。我们知道，旋轮线是最速降线。把房顶修成旋轮线，可以让降落在房顶上的雨水，以最快的速度流走，这对保护房屋是很有利的。

把大屋顶修成旋轮线，还有一个重要的平衡作用。大屋顶比较重，支撑房顶重量的，主要是下面的八根大柱子，这就是常说的"四梁八柱"建筑。这种建筑，柱子一般都修在墙里，位置靠外，房顶不仅给柱子一个垂直向下的压力，还给柱子一个向外的推力，这个向外的推力，对柱子的直立稳定性是十分不利的。如果把房顶修成旋轮线形，再把房檐修得翘起来，房檐就会给柱子一个向里的推力。只要设计得合适，可以让一个向外的推力和一个向里的推力相互抵消，柱子就只受一个垂直向下的压力了，这对房子的牢固性是很有好处的。

大屋顶上巧用旋轮线，表现了我国古代劳动人民的聪明和才干。

旋轮线与等时摆

　　在钟表修理店里，有时候还能看到老式的钟。这种钟都有一个钟摆，通过钟摆的左右摆动，来控制分针和时针的转动。第一个提出钟摆摆动来回一次的时间相等的，是意大利物理学家伽利略。

　　伽利略年轻的时候，看到教堂里的挂灯左右摆动，产生了极大的兴趣。他默默数着自己脉搏跳动的次数，来计算挂灯来回一次的时间，发现每次的时间都是一样的。伽利略受到了启发，他做了一个大吊摆，来计算人的脉搏跳动次数。后来，人们利用吊摆摆动的等时性，通过机械的传动，来控制时针，做成了摆钟。从此，人们就用摆钟来计算时间了。

　　摆钟在使用中又出现了一个新问题，这就是钟摆在摆动过程中，受到空气、温度等的影响，摆动的振幅有时候大一点儿，钟就走得慢一点儿；有时候振幅小一点儿，钟就走得快一点儿。对钟摆产生的这种误

差，人们束手无策。后来，这个问题
被荷兰物理学家惠更斯圆满地解决了。

惠更斯指出，钟摆在摆动过程
中，所走过的路线是圆弧，这种形式
的摆动，每摆动一次的时间长短与振
幅的大小有关系。如果想办法使钟摆
不走圆弧线，而走一条旋轮线，就可
以使钟摆摆动一次的时间固定不变。

具体办法如右下图，把一拱倒着
放的旋轮线从中间劈成两半，在中心
O处挂上钟摆，就可以保证钟摆摆动
的路线是一条旋轮线了。这样一来，
不管钟摆摆动的振幅多大多小，来回
摆动一次的时间总是相等的。

后来，人们就把安装在钟摆上方
的这两半块旋轮线板叫作"等时板"，
把旋轮线叫作"等时线""摆线"。

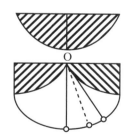

内摆线和外摆线

一个圆，沿着一条直线做无滑动的滚动，圆上的一点就描出了一条摆线。我们再来看看一个圆，沿着另一个圆做无滑动的滚动，圆上的一点会描出怎样的曲线呢？

一个小圆，沿着一个固定的大圆的内侧做无滑动的滚动，小圆圆周上一点所画出来的曲线，叫作"内摆线"。内摆线的形状决定于 R 和 r 的比值。这里，R 是固定大圆的半径，r 是滚动小圆的半径。

R：r ＝ 2：1，内摆线成为大圆的直径。这个情况，你可以在纸上画一个以五角钱硬币的直径为半径的圆，再拿一个五角钱的硬币，大致地滚动一下试试看。

R：r ＝ 3：1，内摆线成为左上图中图的形状。

R：r ＝ 4：1，内摆线成为左上图下图的形状。人

们把这种摆线叫作"星形线"。

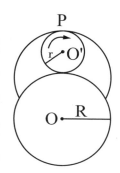

一个圆如果沿着另一个固定的圆的外侧做无滑动的滚动，动圆上的一点P所画出的曲线叫作"外摆线"（右图）。外摆线与内摆线相类似，它也随着R和r比值的不同，有各种不同的形状。这里R是固定圆的半径，r是动圆的半径。

R∶r = 1∶1，即R=r，画出来的外摆线的形状很像人的心脏，叫作"心脏线"（下图左图）。

R∶r = 2∶1，外摆线有点儿像剖开的苹果（下图中图）。

R∶r = 5∶1，外摆线的形状如下图右图。你看它多像一朵美丽的花。

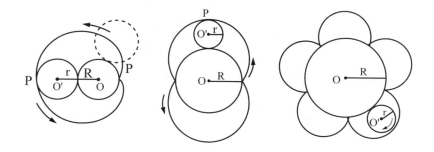

旋轮线和正弦曲线难分难舍

旋轮线是一个圆沿着一条直线 AB 做无滑动滚动的时候，圆上一点所画出的曲线。因此，旋轮线上的任一点 M，都相应有一个产生它的圆。

我们过圆心 O，作直径垂直于直线 AB，再过 M 点作直线垂直直径交于 P。我们选择一系列的 M 点，相应的可以得出一系列的 P 点，把这些 P 点顺次连接起来，就得到了一条曲线。我们一看，这条曲线正是正弦曲线。在数学上，把用这种方法得到的新曲线，叫作原来曲线的"伴随曲线"。

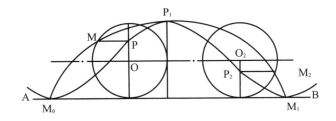

　　旋轮线和正弦曲线相伴相随，真是好到了形影不离的程度。你看，下图画的是一拱接一拱的旋轮线，而紧紧伴随着它的，就是一波又一波的正弦曲线。

研究曲线的方法

古代是怎样研究曲线的

早在2000多年前的古希腊，就有很多学者研究各种曲线。

古希腊数学家梅内赫莫斯研究圆锥曲线，是把圆锥曲线看成是圆锥和平面相交的截线。他做了三个顶角不同的圆锥，一个是锐角的，一个是直角的，一个是钝角的；然后各作一个平面与一条母线垂直，并与圆锥相截，得到"锐角圆锥曲线""直角圆锥曲线"和"钝角圆锥曲线"。这三种曲线，其实就是"椭圆""抛物线"和"双曲线"的一支。后来，人们把这三种曲线叫作"梅内赫莫斯三曲线"。

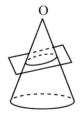
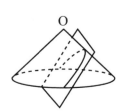
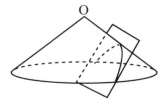

比梅内赫莫斯稍晚一些的数学家阿波罗尼奥斯，改进了研究圆锥曲线的方法。他不用三个圆锥，而只用一个圆锥，通过改变截面的位置来产生出三种曲线。我们用平面截灯光的方法，就是来源于阿波罗尼奥斯。

圆锥曲线这一名称，就是从那个时候开始的。

在古希腊学者中，有一个重要的人物叫欧几里得。他搜集了当时的几何资料，把分散的几何知识用一条逻辑推理的链子，串联整理成一套几何理论。他是历史上第一个创造系统数学理论的人。他编集了一本叫作《几何原本》的书。这本书包括了现在初中所学的全部几何知识。

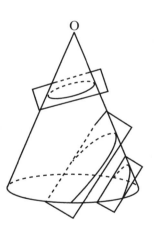

几何和代数长期分家

欧几里得所使用的方法，一般不用数字的计算，是一种纯几何的方法。《几何原本》对几何学的研究，

产生了极大的影响。它所使用的方法，直到 16 世纪末的近 2000 年间，被认为是研究几何的正统方法。

在欧几里得纯几何方法的长期影响下，数学分化成了两大家，一家使用欧几里得方法研究几何图形，形成了数学的一个分支——几何；另一家专门研究数字和数字运算，形成了数学的另一个分支——代数。这两个分支研究的对象和使用的方法不同，长期各自独立，不相关联。

到了 16 世纪，随着生产和科学技术的发展，代数这一支发展很快。

与代数学蓬勃发展的大好形势相比，几何学由于受欧几里得方法的束缚，发展缓慢，不能适应当时生产和科技发展的需要。人们要求对曲线有更为详细的了解，比如各种类型曲线的切线作法、弯曲程度的具体确定，用欧几里得方法去研究就显得十分繁杂，甚至得不出正确的结论。

人们曾努力让几何和代数挂上钩，用先进的代数方法来研究几何问题，但是没有取得成功。

笛卡尔的贡献

几何和代数的挂钩问题，是由法国数学家笛卡尔首先解决的。

笛卡尔是怎样把几何和代数挂上钩的呢？他的设想是：只要把几何图形看成是动点的运动轨迹，就可以把几何图形看成是由具有某种共同特性的点组成的。比如，我们把圆看成是一个动点对定点做等距离运动的轨迹，也就可以把圆看作是由无数到定点距离相等的点组成的。我们把点看作是组成图形的基本元素，把数看成是组成方程的基本元素，只要能把点和数挂上钩，也就可以把几何和代数挂上钩。

把图形看成点的运动轨迹，这个想法很重要！它从指导思想上，改变了传统的欧几里得几何方法。笛卡尔根据自己的这个想法，在《几何学》中，最早为运动着的点建立坐标，开创了几何和代数挂钩的解析几何。在解析几何中，动点的坐标就成了变数，这是数学第一次引进变数。

"点"和"数"挂钩的例子

在我们日常生活中，就有"点"和"数"挂钩的例子。

北京东四有头条、2条、3条……每一条都代表一条东西方向的胡同。如果你想找到一个家住在东四的同学，除了要知道他家在东四多少条外，还要知道他家的门牌号。比如他家住在东四12条21号，你就可以根据这个地址找到你同学的家。这里出现了两个数字"12"和"21"，第一个数字代表胡同，第二个数字代表门牌号。设想新建一个城市，所有的街道都是从"一条"开始顺序排列的。这时给这座城市写信，地址可以简化，你只要写上"xx市15，12"就可以了。其中，15代表这座城市的第15条街道，12代表门牌是12号，只需要两个数，就可以确定一个地址。

把街道门牌变成数学问题来研究，对我们很有启发。要是我们把新建的城市当作一个平面，把城市的每一家都看成平面上的一个点。我们就可以用两个有顺序的数，把一座城市里每一家的地址确定下来。

那么，用什么办法可以把点和数挂上钩呢？一些早期的广告画，往往是用照片放大的方法来画的，这对我们很有启发：

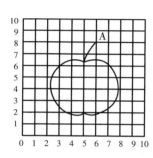

首先，在照片上按水平和垂直方向，画上许多等距离的平行线；然后在广告牌上，也画出同样多条数的等距离平行线；再把照片和广告牌的平行线都标上号码。在照片上，苹果的 A 点在横向第 6 条线上，同时又在纵向第 8 条线上。在广告牌上，A 点的位置相应地也应该在横 6 纵 8 上，也就是（6，8）点上。用同样方法，在照片上取很多点，就可以在广告牌上得到很多相应的点。把这些点顺次连接，就得到了相应的放大图形。

我们分析一下这种画法，它实际上是通过编了号的横纵平行线，把图形上的每一个点都变成为一对有顺序的

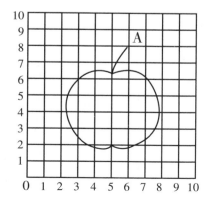

数，而不同的点各自有一对不同的有顺序的数，这就把平面上的一个点，与一对有顺序的数挂上了钩。

人们按照这种一一对应的想法，建立了数学上常用的平面直角坐标系，很好地解决了几何和代数的挂钩问题。

平面直角坐标系和曲线方程

在平面上画两条相互垂直的直线，交点O叫作原点。在每条直线上都指定一个正方向，并规定一个长度单位，作为这两条有向直线的共同单位。一条直线如果具备了原点、方向、单位，就成了一条数轴。两条相互垂直的数轴组成一个整体，叫作平面直角坐标系。

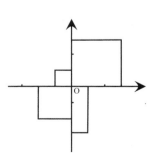

在平面上建立了直角坐标系，就可以把平面上的每一个点，向两条数轴各作一条垂线，在两个交点上各得到一个数，这两个数成为一对，使这个点和一对有顺序的数建立起完全确定的

关系。反过来，任何一对有顺序的数，都可以在直角坐标系上找到一个相对应的点。这就把点和数、几何和代数挂上了钩。

平面直角坐标系的建立，好像在被一条大河隔开的代数和几何之间，架起了一座桥梁，使长期隔离的几何和代数合作了，这就是用代数的方法来研究几何问题的解析几何。从此，人们对曲线内在性质的认识和了解，有了很大的发展。

人们发现，所有平面直角坐标系下的直线，都是二元一次方程的形式，即：

Ax+By+C=0（A 和 B 不同时等于零）。

反过来，任何一个二元一次方程，在直角坐标系下，画出它的图形都是直线。这样，我们就可以把二元一次方程和直线看成是一个东西：二元一次方程反映了"数"的一个方面；直线反映了"形"的一个方面。

在解析几何中，数和形很好地结合起来了，使数学的研究提高到了一个新的水平。

人们还发现圆锥曲线的方程，都是二元二次的形式，即：

$ax^2+bxy+cy^2+dx+ey+f=0$

（a、b、c不同时为0）

方程的图形如下表：

圆	椭圆	抛物线	双曲线
$x^2 + y^2 = a^2$	$\dfrac{x^2}{a^2} + \dfrac{y^2}{b^2} = 1$	$y^2 = 2px$	$\dfrac{x^2}{a^2} - \dfrac{y^2}{b^2} = 1$

你也许会提出这样一个问题：是不是任何一个二元二次方程的图形，一定是上面四种曲线中的一种呢？那可就不一定了。有的二元二次方程画出来的图形还可能是两条相交的直线，两条平行的直线，也可能是两条重合的直线，或者是一个点，甚至根本就画不出图来。尽管有这样一些特殊情况，我们还是把圆、椭圆、抛物线和双曲线作为二元二次方程的主要曲线，称它们为"正态二次曲线"；把两条相交直线、两条平行直线、两条重合直线、点以及画不出来的曲线，统称为"变态二次曲线"。

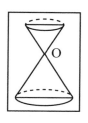 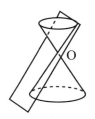 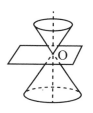

在解析几何中，"圆锥曲线"这个名称是从几何图形来的，"二次曲线"这个名称是从代数方程来的：两个名称说明的是同一类曲线。

另外，正弦曲线是正弦函数 y=sinx 在平面直角坐标系下的图形。

圆面积之谜

　　怎样求圆面积？我们现在有公式可用，很快就算出来了。但是在漫长的年代里，人们为了研究和解决这个问题，不知遇到了多少艰难和困苦，花费了多少精力和时间。

割补求面积

　　在平面图形中，以长方形的面积最容易求了。用大小一样的正方形砖铺垫长方形地面，如果横向用8块，纵向用6块，那一共就用了8×6=48块砖。所以求长方形面积的公式是：长×宽。

84

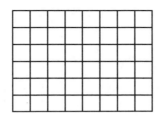

　　求平行四边形的面积，可以用割补的方法，把它变成一个与它面积相等的长方形。长方形的长和宽，就是平行四边形的底和高。所以求平行四边形面积的公式是：底×高。

　　求三角形的面积，可以对接上一个和它全等的三角形，成为一个平行四边形。这样，三角形的面积，就等于和它同底同高的平行四边形面积的一半。所以求三角形面积的公式是：$\frac{1}{2}$×底×高。

　　任何一个多边形，因为可以分割成若干个三角形，所以它的面积，就等于这些三角形面积的和。

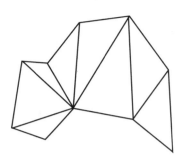

    4000多年前修建的埃及胡夫金字塔，底座是一个正方形，占地52900平方米。它的底座边长和角度计算十分准确，误差很小，可见当时测算大面积的技术水平很高。

古老的难题

    圆是最重要的曲边形。古埃及人把它看成是神赐

予人的神圣图形。怎样求圆的面积，是数学对人类智慧的一次考验。

也许你会想，既然正方形的面积那么容易求，我们只要想办法做出一个正方形，使它的面积恰好等于圆面积就行了。你的想法很好，可是要做出这样的正方形很难啊。

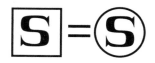

你知道古代三大几何难题吗？其中的一个，就是你刚才想到的化圆为方。这个起源于古希腊的几何作图题，在2000多年间，不知难倒了多少能人，直到19世纪，人们才证明了这个几何题，是根本不可能用圆规和无刻度的直尺作出来的。

化圆为方这条路走不通，人们不得不开动脑筋，另找出路。

我国古代的数学家刘徽，从圆内接正六

边形入手，让边数成倍增加，用圆内接正多边形的面积去逼近圆面积。

　　古希腊的数学家，从圆内接正多边形和外切正多边形同时入手，不断增加它们的边数，从里外两个方面去逼近圆面积。

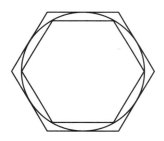

　　古印度的数学家，采用类似切西瓜的办法，把圆切成许多小瓣，再把这些小瓣对接成一个长方形，用长方形的面积去代替圆面积。

他们煞费苦心，巧妙构思，不怕困难，为求圆面积作出了十分宝贵的贡献。

酒桶的学问

16世纪的德国天文学家开普勒，是一个重视观察、肯动脑筋的人。他曾把丹麦天文学家第谷遗留下来的大量天文观测资料，认真地进行整理分析，提出了著名的"开普勒三定律"。开普勒第一次告诉人们，地球围绕太阳运行的轨道是一个椭圆，太阳位于其中的一个焦点上。

开普勒当过数学教师，他对求面积的问题非常感兴趣，曾进行过深入的研究。他想，古代数学家用分割的方法去求圆面积，所得到的结果都是近似值。为了提高近似的程度，他们不断增加分割的次数。但是，不管分割多少次，几千几万，只要是有限次，所

89

求出来的总是圆面积的近似值。要想求出圆面积的精确值，必须分割无穷多次，把圆分成无穷多等分才行。

开普勒也模仿切西瓜的方法，把圆分割成许多小扇形；不同的是，他一上来就把圆分成无穷多个小扇形。

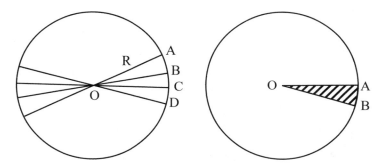

因为这些小扇形太小了，小弧 $\overset{\frown}{AB}$ 也太短了，所以开普勒就把小弧 $\overset{\frown}{AB}$ 和小弦 $\overline{AB}$ 看成相等的，即 $\overset{\frown}{AB} \approx \overline{AB}$ 。

这样一来，小扇形 AOB 就变成为小三角形 AOB 了；而小三角形 AOB 的高就是圆的半径 R。于是，开普勒就得到：

小扇形 AOB 的面积≈小三角形 AOB 的面积= $\dfrac{1}{2}$ R× $\overline{AB}$ 。

圆面积等于无穷多个小扇形面积的和，所以

圆面积$S \approx \frac{1}{2} R \times \overline{AB} + \frac{1}{2} R \times \overline{BC} + \frac{1}{2} R \times \overline{CD} + \cdots\cdots$

$$= \frac{1}{2} R \times (\overline{AB} + \overline{BC} + \overline{CD} + \cdots\cdots)$$

$$\approx \frac{1}{2} R \times (\overset{\frown}{AB} + \overset{\frown}{BC} + \overset{\frown}{CD} + \cdots\cdots)。$$

在最后一个式子中，各段小弧相加就是圆的周长 $2\pi R$，所以有 $S = \frac{1}{2} R \times 2\pi R = \pi R^2$。这就是我们熟悉的圆面积公式。

开普勒运用无穷分割法，求出了许多图形的面积。1615年，他把自己创造的这种求面积的新方法，发表在《葡萄酒桶的立体几何》一书中。

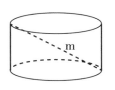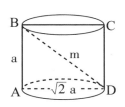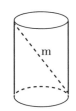

　　这个奇怪的书名是有来由的。有一天，开普勒到酒店去喝酒，发现奥地利的葡萄酒桶，和他家乡莱茵的葡萄酒桶不一样。他想，奥地利葡萄酒桶为什么偏要做成这个样子呢？高一点儿好不好？扁一点儿行不行？这里面会不会有什么学问？经过研究，开普勒发现，当圆柱形酒桶的截面 ABCD 的对角线长度固定时，比如等于 m，以底圆直径和高的比为 $\sqrt{2}$ 时体积最大，装酒最多。奥地利的葡萄酒桶，恰好是按这个比例做成的。这一意外发现，使开普勒非常高兴，决定给这本关于求面积和体积的书，起名为《葡萄酒桶的立体几何》。

　　在这本书中，开普勒除介绍了他求面积的新方法外，还介绍了他求出的近百个旋转体的体积。比如，他计算了圆弧绕着弦旋转一周，所产生的各种旋转体

92

的体积。这些旋转体的形状，有的像苹果，有的像柠檬，有的像葫芦。

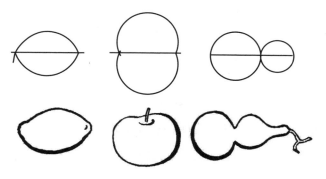

问题在哪里？

开普勒大胆地把圆分割成无穷多个小扇形，又果敢地断言：无穷小的扇形面积，和它对应的无穷小的三角形面积相等。他在前人求面积的基础上，向前迈出了重要的一步。

《葡萄酒桶的立体几何》一书，很快在欧洲流传开了。数学家高度评价开普勒的工作，称赞这本书是人们创造求面积和体积新方法的灵感源泉。

一种新的理论，在开始的时候很难十全十美。开普勒创造的求面积的新方法，引起了一些人的怀疑。

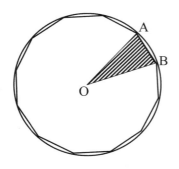

他们问道：开普勒分割出来的无穷多个小扇形，它的面积究竟等于不等于零？如果等于零，半径OA和半径OB就必然重合，小扇形OAB就不存在了；如果它的面积不等于零，小扇形OAB与小三角形OAB的面积就不会相等。开普勒把两者看作相等就不对了。

面对别人提出的问题，开普勒自己也说不清楚。

他在想什么？

卡瓦列里是意大利物理学家伽利略的学生，他研究了开普勒求面积方法中的问题。

卡瓦列里想，开普勒把圆分成无穷多个小扇形，这每个小扇形的面积到底等于不等于零，就不好确定了。但是，只要小扇形还是图形，它是可以再分的

呀。开普勒为什么不再继续分下去了呢？要是真的再细分下去，那分到什么程度为止呢？这些问题，使卡瓦列里陷入了沉思。

有一天，当卡瓦列里的目光落到自己的衣服上时，他忽然灵机一动：嘿，布不是可以看成面积嘛！布是由棉线织成的，要是把布拆开的话，拆到棉线就为止了。我们要是把面积也像布一样拆开，拆到哪里为止呢？应该拆到直线为止。几何学规定直线没有宽度，把面积分到直线就应该不能再分了。于是，他把不能再细分的东西叫作"不可分量"。棉线是布的不可分量，直线是平面面积的不可分量。

卡瓦列里还进一步研究了体积的分割问题。他想，可以把长方体看成一本书，组成书的每一页纸，应该是书的不可分量。这样，平面就应该是长方体体积的不可分量。几何学规定平面是没有薄厚的，这样想也是有道理的。

卡瓦列里紧紧抓住自己的想法，反复琢磨，提出了求面积和体积的新方法。

1635年，当《葡萄酒桶的立体几何》一书问世20周年的时候，意大利出版了卡瓦列里的《不可分量几何学》。在这本书中，卡瓦列里把点、线、面，分别看成是直线、平面、立体的不可分量；把直线看成是点的总和，把平面看成是直线的总和，把立体看成是平面的总和。

独特的方法

卡瓦列里是怎样用不可分量求面积的呢？现在以椭圆为例，介绍如下：

椭圆有一条长轴和一条短轴，如图相交于O，把椭圆分成了四等份。

卡瓦列里设a和b是长轴和短轴的一半；以椭圆中心O为圆心，以b为半径，在椭圆内作一个圆。

他根据不可分量的想法，把椭圆面积的 $\frac{1}{4}$，看成是由无穷多条平行于a的线段组成，每一条线段与圆交于一点。

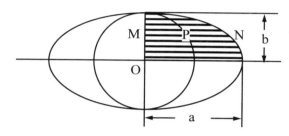

卡瓦列里根据椭圆的性质推出，任一条和a平行的线段MN，与圆交于P，一定有 $\frac{MP}{MN} = \frac{b}{a}$。

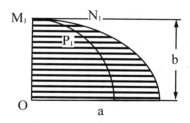

他把这样引出的无穷多条平行线段，由小到大编上 M_1N_1，M_2N_2，M_3N_3，……就可以得到一大串比例式

$$\frac{M_1P_1}{M_1N_1} = \frac{M_2P_2}{M_2N_2} = \frac{M_3P_3}{M_3N_3} = \cdots\cdots = \frac{b}{a}。$$

比例有这样一个性质：如果 $\dfrac{a}{b} = \dfrac{c}{d}$ 成立，那么

$\dfrac{a+c}{b+d} = \dfrac{c}{d}$ 也成立。他利用比例的这个性质，就得到

$$\frac{M_1P_1 + M_2P_2 + M_3P_3 + \cdots\cdots}{M_1N_1 + M_2N_2 + M_3N_3 + \cdots\cdots} = \frac{b}{a}。$$

在卡瓦列里看来，分子的和就是圆面积的 $\dfrac{1}{4}$，分

母的和就是椭圆面积的 $\dfrac{1}{4}$。

因为 $\dfrac{\dfrac{1}{4}圆面积}{\dfrac{1}{4}椭圆面积} = \dfrac{圆面积}{椭圆面积} = \dfrac{b}{a}$，

即 $\dfrac{\pi b^2}{椭圆面积} = \dfrac{b}{a}$，

所以，椭圆面积=πab。

这就是我们现在求椭圆面积的公式。

卡瓦列里使用不可分量的方法，求出了许多前人
不会求的面积，受到了人们的拥护和尊敬。

卡瓦列里还根据不可分量的方法指出，两本书的
外形虽然不一样，但是，只要页数相同，薄厚相同，
而且每一页的面积也相等，那么，这两本书的体积就
应该相等。他认为这个道理，适用于所有的立体，并

且用这个道理求出了很多立体的体积。这就是有名的"卡瓦列里原理"。

事实上，最先提出这个原理的，是我国数学家祖暅（gèng）。祖暅是祖冲之的儿子，生于公元5到6世纪，比卡瓦列里早1000多年，所以我们叫它"祖暅原理"或者"祖暅定理"。

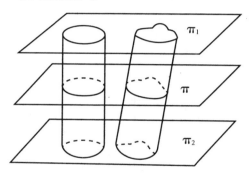

荒谬的结果

卡瓦列里的《不可分量几何学》一书，也受到了一些人的责难。原因是使用不可分量的方法，可以推出任意两个三角形的面积相等。

他们说，任意作一个两腰不相等的三角形ABC，设AB大于AC，由顶点A向底边BC引高线AD，AD把

$\triangle ABC$ 分成大小不等的 $\triangle ABD$ 和 $\triangle ADC$。显然，$\triangle ABD$ 的面积大于 $\triangle ADC$ 的面积。

用不可分量的方法，把 $\triangle ABD$ 看成是由无穷多条平行于高 AD 的线段 M_1N_1，M_2N_2，M_3N_3……组成的，写成式子就是

$\triangle ABD$ 的面积$=M_1N_1+M_2N_2+M_3N_3+\cdots\cdots$

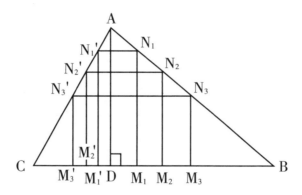

过 AB 边上的 N_1，N_2，N_3，……点，分别引平行于底边 CB 的直线，交 AC 边于 $N_1{}'$，$N_2{}'$，$N_3{}'$，……再过 $N_1{}'$，$N_2{}'$，$N_3{}'$，……点，引垂直于 BC 边的线段 $N_1{}'M_1{}'$，$N_2{}'M_2{}'$，$N_3{}'M_3{}'$……由上面的作法得到

$M_1N_1=M_1{}'N_1{}'$，$M_2N_2=M_2{}'N_2{}'$，$M_3N_3=M_3{}'N_3{}'$……

根据不可分量的方法，$\triangle ADC$ 的面积又可以看作是由无穷多条平行线段 $M_1{}'N_1{}'$，$M_2{}'N_2{}'$，$M_3{}'N_3{}'$，……

组成的，所以有等式

ΔADC 的面积$=M_1' N_1'+M_2' N_2'+M_3' N_3'+\cdots\cdots$

$=M_1 N_1+M_2 N_2+M_3 N_3+\cdots\cdots$

$=\Delta ABD$ 的面积。

看来不可分量的方法，一定存在着什么漏洞。不然的话，怎么会推出这样荒谬的结果呢？

问题出在哪儿呢？下面谈速度，还要遇到同样的问题，等谈完了速度以后，我们再一起来研究这个问题。

难求的速度

谁都知道飞机快，火车慢，自行车更慢。可是人们对各种速度的认识，并不都是这么简单明白，没有争论。

错了2000年

两件轻重不同的东西，同时从高处自由下落，哪

个先落地？你可能说重的先落地，也可能说重的轻的一起落地，究竟哪个回答对呢？

这个问题，人们很早就注意到了。公元前300多年，古希腊有个哲学家叫亚里士多德，他认为轻重不同的两件物体，从同一高度自由下落，一定是重物先落地。亚里士多德的名气很大，"先哲"的话当然不会错，所以人们把重物先落地的说法当作真理，信奉了2000年。

16世纪末，荷兰的工程师斯蒂文指出，重物先落地的说法是错误的。他说，在不考虑空气阻力的情况下，轻重不同的物体应该同时落地。斯蒂文还做了实验，他让轻重不同的两件物体，从10米高处同时自由下落，结果是同时落地。

一个不知名的人竟敢说"先哲"的话错了，竟敢说人们把这个问题认识错了2000年，哪里会有人信哩！

著名的实验

真理和谬误不容颠倒。继斯蒂文之后，意大利物理学家伽利略，继续向亚里士多德的错误发起进攻。

与斯蒂文一样，伽利略也认为轻重不同的物体应该同时落地。为了回答保守势力的反对，他于1590年做了一次自由落体实验。

在意大利比萨城郊有一座倾斜的古塔，伽利略就选择这个斜塔作为实验场地，邀请了许多人来观看，进行了著名的"比萨斜塔实验"。伽利略让一个1磅重

和一个100磅重的两个铅球，同时由塔顶自由落下，只听见"咚"的一声响，两个铅球同时落地了。这"咚"的一声，宣布了伽利略的胜利，同时也宣告了亚里士多德统治人们将近2000年的错误理论彻底破产！

比萨斜塔实验，不但使人们承认了物体下落的速度，与物体本身的重量无关；而且还告诉人们，物体在自由下落的过程中，速度不是一成不变的，而是越往下落速度越快。

伽利略还通过实验发现，

自由落体运动的速度变化是有规律的，这就是每过1秒钟增加约9.8米。因为自由落体是由静止开始下落，所以

第一秒末的速度=9.8米/秒；

第二秒末的速度=9.8+9.8=19.6米/秒。

如此等等。如果用g表示9.8，每过1秒，速度就增加1个g，过t秒，速度就变成为gt了。

伽利略第一次找到了关于自由落体运动的公式：

v（速度）=gt，

s（路程）=$\frac{1}{2}gt^2$。

伽利略把实验方法与数学计算结合起来，为物理学的研究开辟了新的方向。

炮弹的飞法

16世纪的欧洲人，认为炮弹是沿着折线飞行的，甚至在教科书里也这样讲。

为什么他们会这样认识呢？估计这是因为在放炮的人看来，炮弹总是沿着直线飞出去的；而在挨炮弹的人看来，炮弹也总是沿着直线从天而降。把两者合

在一起，炮弹就成了按折线飞行的了。

　　伽利略通过实验和计算，告诉人们炮弹飞行的路线不是一条折线，而是一条曲线。他还给这条曲线取了一个形象的名字，叫作"抛物线"。与此同时，他还指出飞行中的炮弹和自由下落的物体一样，速度也在随时变化，是"变速运动"。

　　伽利略大胆构思，精心实验，并且用数学计算论证结论，一连纠正了人们的两个错误认识，为普及科

学知识和引起人们对科学研究的兴趣，做出了可贵的贡献。

伽利略求速度的故事就讲到这里。这个故事给我们提出了一个既重要又有趣的问题：变速运动的速度随时变化，怎样正确理解和掌握变速运动的"瞬时速度"呢？

"飞矢不动"吗？

"瞬时"是一瞬间的意思。要正确理解物体运动的瞬时速度，首先要搞清楚什么是"一瞬间"。平时，我们爱用"一眨巴眼"来形容很短的时间。物理学上的"一瞬间"，可要比"一眨巴眼"短得多了。对于瞬时速度，我们可以先粗略地把它理解为：在非常非常短的一丁点儿时间内，物体运动的速度。

仔细想想，你可能会问，物体运动离不开时间，如果时间非常非常短，物体还能运动吗？

在很长的时期里，人们对瞬时速度是否存在，一直议论纷纷，争论不休。公元前4世纪，古希腊有个著名人物叫芝诺，他不但反对有瞬时速度，而且认为

运动也是不可能存在的。

芝诺能言善辩，有人写诗形容他："大哉芝诺，鼓舌如簧；无论你说什么，他总认为荒唐。"芝诺编造了许多诡辩问题，其中一个叫作"飞矢不动"。所谓诡辩，就是用貌似正确的方法，来论证错误的结论。"飞矢不动"的意思是说，飞行着的箭根本没动地方。

芝诺是这样来论证他的诡辩的：如图，箭要由A点飞到B点，它首先要经过A、B的中点C。箭要由A飞到C，又先要飞到A、C的中点D，而A、D两点之间还有中点E。依此类推，不管两点距离多近，它们之间总还会有中点的。因为我们永远也找不到距离A点最近的中点，所以箭也就动不了。

"飞矢不动"的结论如此荒谬。但是，要从芝诺的论证中找出它的错误，却是十分困难的。可见当时人们对运动的认识还很不够。

要掌握速度

17世纪的欧洲，由于远洋航行的兴起，枪炮的使用，人们越来越要求精确掌握物体运动的速度。大炮射程的远近，一方面和大炮的仰角有关，另一方面和炮弹离开炮口那一瞬间的初速度有关。在仰角固定的情况下，初速度越大，炮弹飞行得越远。为了提高大炮的射程和命中率，必须准确掌握炮弹飞行的初速度。

远洋航行需要随时确定船只在大海中的位置。稍

有差错，航行的方向不对头了，就可能引起船只沉没，船员死亡。当时使用的方法是观察日、月、星辰的位置，叫"天文导航"。但是，天体在运行，航船在前进，为了使天文导航准确可靠，必须准确知道行星和航船的速度。

此外，在17世纪发展起来的机械力学、流体力学等科学技术，也需要精确掌握运动的速度。

流木测速法

公元3世纪，我国三国时期的吴国，经常派船到东海和南海一带去。船只在茫茫的大海中航行，怎样知道航行的速度呢？他们的办法是：在船头把一块木板投入海中，然后从船头快速跑到船尾，记录下木板从船头到船尾的时间。船身的长度是知道的，比如船身长40米，除以木板从船头到达船尾的时间，比如10秒，就可以知道船速是4米/秒。

这样测量出来的速度对不对呢？如果海面风平浪静，船只又保持方向不变，速度不变，测量出来的速度是正确的。这样的运动叫作"匀速直线运动"。匀速

直线运动的速度很好求，只要用距离 s 除以时间 t，就得到物体在任一时刻的瞬时速度 v，即 $v = \dfrac{s}{t}$。

可是，风儿哪能不吹，海水哪能不动，船只在大海中航行，速度不可能是一成不变的，这时船的瞬时速度又怎样求呢？前面求得的 4 米/秒又算什么速度？为了解决这个问题，我们不妨先假定船是沿直线前进，是变速直线运动。在这种情况下，4 米/秒虽然不是瞬时速度，可是还很有用，它代表船在 10 秒内的"平均速度"。

平均速度是什么意思呢？

比如说这学期，你们班的数学考过三次，你的成绩分别是 84，85，92。为了对你这学期数学学习成绩有个总的了解，需要求出平均成绩：

（84+85+92）÷3=87（分）。

尽管你在这三次考试中，没有一次得 87 分，但是 87 分却表示了你这学期数学学习总的情况。平均速度的意思也是这样。

变速直线运动的平均速度也好求，我们可以先求出船在一段时间内的平均速度，然后再来想办法求瞬时速度。

向瞬时靠拢

假设船由 A 出发，沿直线航行到了 C，我们可以用靠拢的方法，来求船在 B 点的瞬时速度。

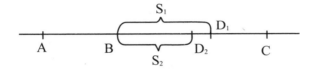

第一步，以 B 为起点，量出 BD_1（s_1）=90 米，记录船从 B 到 D_1 所用时间 t_1=4 秒。这样，我们可以求出船在 BD_1 一段的平均速度 v_1：

$$v_1 = \frac{s_1}{t_1} = \frac{90}{4} = 22.5 \ (\text{米/秒})。$$

第二步，缩短 BD_1 的距离，取 BD_2（s_2）=43 米，记录船由 B 到 D_2 的时间 t_2=2 秒。这样，船在 BD_2 一段的平均速度是 v_2：

$$v_2 = \frac{s_2}{t_2} = \frac{43}{2} = 21.5 \ (\text{米/秒})。$$

BD_2 的距离比 BD_1 小，平均速度 v_2，应该比平均速度 v_1 更接近船在 B 点的瞬时速度。可以想象，随着距离 s 的不断缩短，求出来的平均速度 v，应该越来越接

近B点的瞬时速度。我们把距离缩短的过程和计算结果列成一个表：

距离（米）	时间（秒）	平均速度（米/秒）
90	4	22.5
43	2	21.5
33	1.57	21
20	0.96	20.8
12	0.58	20.6
7.84	0.39	20.1

从表中可以看出，随着距离的不断缩短，船的平均速度越来越接近20米/秒。这样，我们自然会推想20米/秒，就应该是船过B点的瞬时速度。

你看，用平均速度去逼近瞬时速度，多么像用圆内接正多边形面积去逼近圆面积啊！

就是摸不着

我国古代数学家用割圆的方法，只能求出圆面积的近似值。上面，我们用缩短距离的方法，也只能求出瞬时速度的近似值。可是我们要求的并不是近似

值，而是瞬时速度本身。

当然，我们可以想方设法，尽量缩短测量距离，使求出来的平均速度，尽量接近瞬时速度。但是，我们也必须清楚地看到，只要距离 s 不等于零，用 $\frac{s}{t}$ 算出来的平均速度，总要和瞬时速度相差那么一点儿。干脆让 s = 0 吧，s = 0 了，t 也必然等于零，这时 $\frac{s}{t}$ 就变成为 $\frac{0}{0}$ 了。这可不成啊，老师再三强调零不能作分母。

你看，瞬时速度就在眼前，离我们越来越近了，可就是眼巴巴地摸不着它。

世上无难事，只怕有心人。开普勒和卡瓦列里勇于探索，创造出了求面积的新方法；牛顿在求瞬时速度上，也做了大胆的尝试。

牛顿割尾巴

牛顿认真分析了平均速度和瞬时速度的关系，提出了计算瞬时速度的新方法。下面，我们来介绍一下牛顿的新方法：

假设有一只船从O点出发，做变速直线运动，1秒钟走了1米，2秒钟走了4米，3秒钟走了9米……分析一下上面几个数，船走过的距离，正好等于时间的平方。就是1秒钟走了1^2米，2秒钟走了2^2米，3秒钟走了3^2米……t秒钟走了t^2米。$s=t^2$，反映了这只船的运动规律。

现在，假设我们要求第2秒末的瞬时速度。

船在第2秒末走到了B点，B点距离O点4米。根据前面求瞬时速度的办法，求第2秒末的瞬时速度，需要先求出平均速度。我们不妨让船由B点再向前走一小段时间。

因为我们给出的时间很小很小，小得与众不同了，我们在t的前面加上一个希腊字母Δ（读delta），写成Δt，好和一般的时间有所区别。

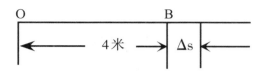

在时间 Δt 内，船又向前走了多少米呢？这可以算出来，船2秒钟走了 2^2 米，$(2+\Delta t)$ 秒走了 $(2+\Delta t)^2$ 米。它们的差 $(2+\Delta t)^2-2^2$，就是 Δt 秒内船走过的距离。这个距离也很小，我们用类似的记号 Δs 来表示，得到

$\Delta s = (2+\Delta t)^2 - 2^2$

$= [2^2 + 2\times2\times\Delta t + (\Delta t)^2] - 2^2$

$= 4\Delta t + (\Delta t)^2$。

这样，在 Δt 秒内的平均速度 v 应该是：

$v = \dfrac{\Delta s}{\Delta t} = \dfrac{4\Delta t + (\Delta t)^2}{\Delta t} = 4 + \Delta t$（米/秒）。

牛顿心里很清楚，只要 Δt 不等于零，平均速度 v 总要带着一个小尾巴——Δt。拖个小尾巴的蝌蚪，如果不去掉尾巴，就变不成青蛙；带小尾巴的平均速度，如果不去掉小尾巴 Δt，也永远变不成瞬时速度。

牛顿采取果断措施，大胆令最后结果中的 $\Delta t=0$，割掉了平均速度的尾巴。他认为割掉了尾巴的平均速度，就应该是瞬时速度。

用牛顿的方法，我们要求船在第2秒末的瞬时速度，只要令 $4+\Delta t$ 中的 $\Delta t=0$，割掉尾巴，就得到了第2秒末的瞬时速度4米/秒。

牛顿用这种割尾巴的办法，求出了很多变速运动的瞬时速度，经过实践的检验，结果都是对的。瞬时速度这个可望而不可即的东西，终于被牛顿智慧的手给捉住了！

牛顿割尾巴的新方法，推动了数学和物理学的研究和发展。

主教的诬蔑

科学反对迷信，冲击神权，是教会的死对头。牛顿求瞬时速度的新方法，遭到了教会的敌视和反对。

1734年，英国出版了大主教贝克莱写的一本书，叫作《分析学者——致不信神的数学家》，攻击牛顿发明的新方法。

贝克莱说，牛顿在求瞬时速度的过程中，首先用Δt除等式两边。因为数学上规定零不能作除数，所以作为除数的Δt不能等于零；可是牛顿最后又采取割尾巴的方法，令Δt等于零。这样，Δt一会儿是零，一会儿又不是零，这不是自相矛盾吗？Δt既然代表时间，它应该是一个数量。这个忽而是零，忽而又不是零，虚无缥缈、飘忽不定的数量Δt，不正是我们教会里所

说的鬼魂嘛！不过它不是消失了肉体的人的鬼魂，而是消失了数量的量的鬼魂。

贝克莱对牛顿的攻击，完全是为了维护教会的神权统治。他说的什么"量的鬼魂"，纯粹是胡言乱语。但是，贝克莱却提出了一个值得

重视的问题：Δt到底是不是零？

前面讲到，开普勒把圆分成无穷多个小扇形，他说不清楚每个小扇形的面积到底是多小；卡瓦列里把面积看成是无穷多条线段的和，他也从未解释过，为什么没有宽度的线段能组成面积。现在，牛顿求瞬时速度，他也说不清楚Δt到底是不是零。

这些说不清楚的问题，后来终于说清楚了，这就是极限思想的建立。

智慧的构思

什么是极限？极限难懂吗？其实，我们在小学学算术的时候就认识了极限，和它打过交道，只不过那时没有用极限来称呼它罢了。

从分数谈起

我们很熟悉分数。在分数化小数的时候，我们常常会碰到一类没完没了的小数。

你看，化 $\frac{1}{3}$ 为小数，它等于 0.333……，是一个无限循环小数。

你再看 $\frac{1}{3}+\frac{1}{3}+\frac{1}{3}$=0.333……+0.333……+0.333……

左端相加等于1，右端相加等于0.999……所以

1=0.999……。

这个等式对吗？你是否觉得0.999……应该比1小

一点点才对呢？可是这里画的是等号，表示

0.999……=1。

这就是极限问题。

要是把 $\frac{1}{3}$=0.333……两边同乘以6，就得到

2=1.999……。

看起来，1.999……好像也应该比2小一点点才

对，可是这里画的也是等号，表示两边一星半点也

不差。

这到底是怎么回事呢？

在小学里，我们还学过无限循环小数化分数：

$0.\dot{7}$=0.777……=$\frac{7}{9}$，

$0.\dot{1}\dot{4}$=0.141414……=$\frac{14}{99}$，

$0.\dot{1}3\dot{2}$=0.132132132……=$\frac{132}{999}$，

$0.21\dot{5}4\dot{7}$=0.215474747……= $0.215+\frac{47}{99000}$

为什么在循环节下面写上几个9，就可以把循环小数化成为分数呢？这也是极限问题。

极限并不难懂，只要动脑筋多想想，是完全可以领会的。

惠施的名言

古希腊有诡辩家芝诺，我国古代战国时期，也有过一位精于辩论的有名人物叫惠施。惠施很有学问，据说他写的书要装好几大车。

惠施说："一尺之棰，日取其半，万世不竭。"意思是说一根一尺长的棍，每天都把它断为两半，取走其中一半，千秋万代也取不完。

你看，第一天取走 $\frac{1}{2}$ 尺，剩下 $\frac{1}{2}$ 尺；第二天取走 $\frac{1}{2}$ 尺的 $\frac{1}{2}$，剩下 $\frac{1}{4}$ 尺。这样继续分下去，剩下来的棍是 $\frac{1}{8}$ 尺，$\frac{1}{16}$ 尺，$\frac{1}{32}$ 尺……，虽然越分越短，可就是分不完，也取不完。

由分棍问题，我们得到了一串有顺序的数

1，$\frac{1}{2}$，$\frac{1}{4}$，$\frac{1}{8}$，……

我们把这一串有顺序的数叫作"数列"，把其中每个数叫作数列的"项"。比如这个数列的第一项是1，第二项是 $\frac{1}{2}$ ，第五项是 $\frac{1}{16}$ 。

数列的种类

数列的种类很多。

数列1， $\frac{1}{2}$ ， $\frac{1}{4}$ ， $\frac{1}{8}$ ，……有无穷多项，是一个无穷数列。它的特点是数列的项数越大，项的数值越小，越来越靠近零，近到要多近有多近。

数列0.9，0.99，0.999，……也是一个无穷数列。它的特点是随着数列的项数越大，项的数值也越来越大，越来越靠近1，近到要多近有多近。

数列1.9，2.01，1.999，2.0001，……也是一个无穷数列。它的特点是数列中项的数值一会儿大，一会儿小，总的变化趋势是越来越靠近2，近到要多近有多近。

数列1，1，1，1，……是个无穷数列，各项都等于1，是一个常数列。

数列4，$\sqrt{7}$，－1，$\frac{5}{3}$，－$\frac{2}{9}$，－0.05是一个有穷数列，一共有6项。它的变化杂乱无章，看不出什么规律来。

我们现在把注意力集中在前面三种无穷数列上。它们的共同特点是越来越靠近某个固定的数。认真研究一下它们的变化规律，我们会发现用"靠近"这个词，来形容它们与某一个固定数的关系还不够确切。比如数列0.9，0.99，0.999，……与1的关系，已经靠近到了这样一种程度，这个数列充分靠后的项，与1近到了"要多近有多近""你说多近，可以近到比你说的还近"。

看杂技钻圈

你看过杂技钻圈吗？舞台上立着几个直径很小的圈，演员们个个轻巧灵活，像猫一样在几个圈之间钻来钻去。

下面，我们来看一个数学杂技钻圈，"演员"是无穷数列 0.9，0.99，0.999，……

在数轴上以 1 为圆心，画几个同心圆，这就是一个套一个的小圈。

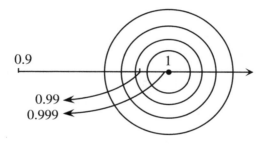

从图可以看到，数列的第一项 0.9，还在所有圈的外面；第二项 0.99，就钻进到第三个圈里面去了；第三项 0.999，钻到第四个圈里面去了；……

数列的这个"演员"，比杂技演员的技术还要高超。杂技演员钻的圈不能无限制的小，比如直径比头还小的圈，就说什么也钻不进去了。但是，数列的这个"演员"可不论那一套，不管圈的直径有多小，它都能照样钻得进去。

半径为 0.000000001 的小圈，可够小的了，数列从

第十项0.9999999999起，都能钻进到小圈里去。因为
1－0.9999999999=0.0000000001<0.000000001， 所以，
0.9999999999应该在小圈里。你随便往小说好了，只
要你能说出具体的数来，数列从某一项起就准能钻得
进去。

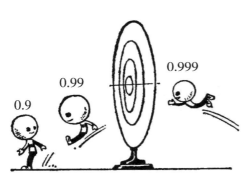

但是，数列"演
员"也有不如杂技演
员的地方。杂技演员
在表演钻圈时，既可
以探身钻进去，也可
以缩身退出来。数列
"演员"0.9，0.99，
0.999，……就不行了，它从某一项起，只要钻进以1
为中心的小圈里，就再也不能退出来了。

对杂技演员来说，不管你把圈放在什么地方，放
在北京还是上海，放在中国还是外国，他们都可以同
样表演。数列"演员"0.9，0.99，0.999，……就不成
了，它只会钻以1为中心的各种小圈。要是你把圈挪
动一下，比如把中心挪到2，那它只能看着放在近旁
的小圈，望圈叹息，钻不进去。因为数列0.9，0.99，

0.999，……只能越来越靠近1，不能超过1，所以就钻不进以2为中心、半径小于1的圈了。

根据同样的道理，数列1，$\frac{1}{2}$，$\frac{1}{4}$，$\frac{1}{8}$，……可以钻进以0为中心的同心小圆里。

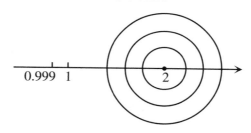

数列1.9，2.01，1.999，2.0001，……可以钻进以2为中心的同心小圆里。

这三位数列"演员"，虽然钻圈的本领一样高强，但是它们的钻法各异，自成一派。

你看，数列0.9，0.99，0.999，……总是从左往右钻圈；数列1，$\frac{1}{2}$，$\frac{1}{4}$，$\frac{1}{8}$，……总是从右往左钻圈；数列1.9，2.01，1.999，2.0001，……总是一左一右跳跃着钻圈。

一个无穷数列，要是从某一项开始，以后所有的项都是越来越靠近一个固定的数，靠近到"要多近有多近""你说多近，可以近到比你说的还近"，我们就

把这个固定的数，叫作这个无穷数列的极限！反过来看，要是一个无穷数列有极限的话，它一定是一位钻以极限为中心的小圈的能手。

0.9，0.99，0.999，……的极限是1；

1，$\frac{1}{2}$，$\frac{1}{4}$，$\frac{1}{8}$，……的极限是0；

1.9，2.01.1.999，2.0001，……的极限是2。

谨防冒牌货

无穷数列0.9，0，0.99，0，0.999，0，……有没有极限？1是它的极限吗？

我们说，这个数列没有极限，1不是它的极限。因为这个数列不是一心一意地，而是三心二意地靠近1。你看它往1靠近一步，下一项就跳回到零；再往1靠近一步，下一项又跳回到零。它有"猴脾气"，在里面待不住，这不符合极限的要求，所以没有极限。

数列0.1，0.01，0.001，0.0001，0.00001，0.000001的极限是0吗？

这个数列变化的趋势，确实是越来越靠近0，但是它只有6项就完了，做不到"要多近有多近"，所以

没有极限。因此，项数有限的数列，不管有多少项，根本谈不上有极限。

下面的几个数列有极限吗？如果有极限，极限是什么？

$\dfrac{1}{2}$，$\dfrac{2}{3}$，$\dfrac{3}{4}$，……

1，2，3，……

$\dfrac{1}{1}$，$\dfrac{1}{2}$，$\dfrac{1}{3}$，……

4，4，4，……

$\dfrac{1}{2}$，$-\dfrac{1}{4}$，$\dfrac{1}{8}$，$-\dfrac{1}{16}$，……

0.9，0.99，0.999，0.9999，0.99999。

1，-1，1，-1，……

请你动脑筋想一想，不要判断错了。

取胜的绝招

有些小同学，虽说不知道什么是无穷数列和极限，可是却会用它们去争论问题，运用灵活，你相信吗？你听，甲、乙两个小同学看了动画片《孙悟空大闹天宫》后，正在兴高采烈、津津有味地争论。

甲：我有孙悟空的本领，说声"变"，我就可以变成一个一尺高的小人。

乙：我的本领比孙猴子高，我说声"变"，可以变成一个半尺高的小人。嘿，比你矮半截。

甲：半尺高算得了什么，我再说声"变"，就变成一个一寸高的小人啦。

乙：我再说声"变"哪，就半寸高了，还是比你矮一半。

甲不说话了，他在心里想，照这样说下去，没完没了，而他总比我矮。他终于想出了一个好主意，对乙说道：咱俩别抬杠了。这样吧，你比我年龄小，我让你先说。你可以随便往矮里变，只是不许变没了。你说了以后，就不许再改了，然后我再说，怎么样？

乙：行。他憋足了劲说：我可以变成一个一万万万万分之一寸高的小人。

甲胸有成竹地说：我可以变成两万万万万分之一寸高的小人，比你矮吧。

甲后发制人，取得了胜利。

要是有人不相信无穷数列 $\frac{1}{2}$ ，$\frac{1}{4}$ ，$\frac{1}{8}$ ，……的极限是0；$\frac{1}{2}$ ，$\frac{2}{3}$ ，$\frac{3}{4}$ ，……的极限是1，你就可以采用这种后发制人的取胜绝招，使他点头称是，口服心服。

做一次游戏

知道了什么是极限，就可以来研究为什么 0.999……=1 了。

我们可以把无限循环小数 0.999…… 看成无穷数列 0.9，0.99，0.999，……

因为1是这个无穷数列的极限，所以有 0.999……=1。

啊，原来这个等式的含意是：无穷数列 0.9，0.99，0.999，……的极限等于1。

我们还可以把 0.999…… 写成无穷多项的和：

0.999……=0.9+0.09+0.009+……

因为0.999……=1，

所以0.9+0.09+0.009+……=1。

这个等式很重要。现在，我们用这个等式来做一次取糖游戏：

假设在一个口袋里装有10块糖，你6秒钟取出1块，1分钟就把10块糖取出来了。要是口袋里的糖增加到100块，让你1分钟全取出来，只要你动作快一些，能保证0.6秒取出1块，1分钟也就把糖全取出来了。

现在，假设口袋里装有无穷多块糖，让你一块一块地往外取，并且限你一分钟全取出来，你办得到吗？这一回，你恐怕要皱眉头了。

其实，理论上讲，也是可以的。只要你取糖的动作足够快，是可以在1分钟之内，把无穷多块糖全部取出来的。取的方法是，你取第一块糖用0.9分钟，取第二块糖用0.09分钟，取第三块糖用0.009分钟……你这样越取越快，把你取无穷多块糖所用的时间，加在

一起就是0.9+0.09+0.009+……=0.999……=1。

结果，恰好等于1分钟。这说明1分钟是可以把无穷多块糖全取出来的。

实际上，你真的可以有无穷多块糖吗？

这条线多长

有一条由半圆组成的波形曲线，如下图。已知最左边的半圆半径为0.9厘米，往右各半圆的半径，依次是它左边半圆半径的 $\frac{1}{10}$，即

R_1=0.9厘米，R_2=0.09厘米，R_3=0.009厘米，……

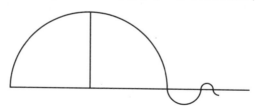

这无穷多个半圆的半径越来越短了，问这条波形曲线有多长？

乍一看，这条曲线好像不会有确定的长度。究竟有没有？需要动手算一算。

我们知道半圆的周长是πR。假设整条波形曲线的

长度为 l，那么 $l=0.9\pi+0.09\pi+0.009\pi+\cdots\cdots$

$=\pi$ （$0.9+0.09+0.009+\cdots\cdots$）。

因为 $0.9+0.09+0.009+\cdots\cdots=0.999\cdots\cdots=1$，

所以 $l=\pi\times1=\pi$。

计算结果表明：这条无限振荡、不断伸长的波形曲线，它的总长等于π厘米！

给勇士平反

极限方法能帮助我们解决很多疑难何题。

前面讲到"飞矢不动"的诡辩，那位芝诺还提出过另外一个诡辩，叫作"阿基里斯追不上乌龟"。

阿基里斯是古希腊神话中善跑的勇士。芝诺说，阿基里斯尽管跑得非常快，但是他却追不上一只在他前面爬行的乌龟。这是怎么回事呢？

芝诺说，假设乌龟从A点起在前面爬，阿基里斯从O点出发在后面追。当阿基里斯追到乌龟的出发点A时，乌龟同时向前爬行了一小段——到了B点；当

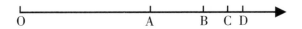

阿基里斯从 A 点再追到 B 点时，乌龟又向前爬行了一小段——到了 C 点。依此类推，阿基里斯每次都需要先追到乌龟的出发点；而在阿基里斯往前追的同时，乌龟总是又向前爬行了一小段。尽管阿基里斯离乌龟的距离越来越近，可是永远也别想追上乌龟。

过去，许多人不知道怎样去驳倒芝诺。现在，有了极限的方法，就很容易戳穿他的谎言，把他彻底驳倒。

假定阿基里斯的速度是 10 米/秒，乌龟的速度是 1 米/秒；乌龟的出发点是 A，阿基里斯的出发点是 O，OA=9 米。

当阿基里斯用 0.9 秒跑完 9 米到了 A 点；乌龟在 0.9 秒的时间内，向前爬行了 0.9 米，到了 B 点。阿基里斯再用 0.09 秒跑完 0.9 米，追到了 B 点；乌龟同时又向前爬行了 0.09 米，到了 C 点……

阿基里斯一段一段地向前追赶，所用的总时间 t 和总距离 s 是 t=0.9+0.09+0.009+……（秒），s=9+0.9+

0.09+……（米）。

因为0.9+0.09+0.009+……=0.999……=1，

所以 t=1（秒），s=10×（0.9+0.09+0.009+……）=
10×1=10（米）。

计算表明，阿基里斯只用了1秒钟，跑了10米
路，就把乌龟追上了！

看来，阿基里斯真要感谢极限了。要不是极限把
问题给搞清楚了，他还要蒙受追不上乌龟的耻辱。

制作望远镜

我们来介绍极限在几何上的一个应用。

雨天骑自行车，车轮带起的雨水，是沿着车轮的
切线方向飞出去的。

圆周上一点 A 的切线好求。连 OA，过 A 作 LA ⊥ OA，LA 就是切线。

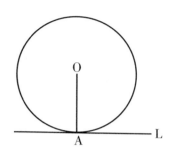

300 多年前，荷兰卖镜片的亨斯无意中发现，把一片老花镜和一片近视镜组装在一起，可以看清楚远处的景物。于是，他制成了世界上第一架望远镜。

伽利略改进了望远镜，造出了能放大 32 倍的望远镜。他用这架望远镜，发现了月亮上的高山和谷地，发现了太阳上的黑子，发现了木星的四颗卫星。这一系列的发现，惊动了当时欧洲的科学界，许多科学家纷纷制作倍数更大的望远镜。

制作望远镜促进了光学的研究。原来，镜片的弯曲程度，直接影响着望远镜的放大倍数，而镜片弯曲程度的计算和设计，都要用到切线。

怎样求一般曲线的切线？人们曾经提出过许多方法。但是在这些方法中，都存在着一些不能令人满意的地方。后来，人们应用极限的思想，把切线看作是割线的极限位置，很好地解决了曲线的切线问题。

如图，当B点沿着曲线C向A点运动时，割线AB就以A为中心转动。在B点无限趋近A点的过程中，割线AB如果有一个极限位置L存在的话，那么，直线L就叫作曲线C在A点的切线。

认识无穷小

以零为极限的无穷数列很重要。

1，$\dfrac{1}{2}$，$\dfrac{1}{3}$，$\dfrac{1}{4}$，……

1，$-\dfrac{1}{2}$，$\dfrac{1}{4}$，$-\dfrac{1}{8}$，……

$\dfrac{1}{3}$，$\dfrac{1}{33}$，$\dfrac{1}{333}$，……

-0.4，0.04，-0.004，0.0004，……

这些数列的共同点是：越变绝对值越小，越变越靠近零。我们把这种绝对值越来越小，以零为极限的无穷数列叫作无穷小。

要是让无穷小的每一项都翻一个跟头，变成它的

倒数，就可以得到另外一种数列。你看，把上面四个无穷小翻一个跟头得到1，2，3，4，……

1，−2，4，−8，……

3，33，333，……

$-\dfrac{1}{0.4}$，$\dfrac{1}{0.04}$，$-\dfrac{1}{0.004}$，$\dfrac{1}{0.0004}$，……

这四个新数列的共同特点是：绝对值越变越大，充分靠后的项的绝对值，可以大到"要多大有多大""你说多大，可以变得比你说的还大"。我们把这种无穷数列叫作无穷大。

无穷小和无穷大的数值相差很大，但是关系密切。无穷小翻一个跟头，就变成了无穷大；无穷大翻一个跟头，就变成了无穷小。

无穷小还和别的有极限的无穷数列特别要好，好到形影不离。凡是有极限的地方，总少不了无穷小。

无穷数列0.9，0.99，0.999，……的极限是1，伴随着它，有一个无穷数列

0.1，0.01，0.001……

很明显，这个数列的数值越变越小，以0为极限，是一个无穷小。

无穷数列 1.9，2.01，1.999，2.0001，……的极限是 2，伴随着它的无穷小是

0.1，–0.01，0.001，–0.0001，……

通过这两个例子，我们可以总结出一个数列有极限，求伴随它的无穷小的方法是：拿数列的极限，依次减去数列的每一项，就得到了这个无穷小。

请你求一求，伴随下面几个数列的无穷小：

$\frac{1}{2}$，$\frac{2}{3}$，$\frac{3}{4}$，$\frac{4}{5}$，……的极限是 1；

2，$\frac{3}{2}$，$\frac{4}{3}$，$\frac{5}{4}$，……的极限是 1；

4，$\frac{7}{3}$，$\frac{10}{5}$，$\frac{13}{7}$，……的极限是 $\frac{3}{2}$；

1，$\frac{1}{4}$，$\frac{1}{9}$，$\frac{1}{16}$，……的极限是 0。

极限和无穷小的这种亲密关系，你可以自己动手画个图形来看就更清楚了。

看下页图，把等腰三角形 ABC 的底边 AC 分成 8 等份，作一个内接台阶形。台阶形的面积与 △ABC 的面积的差，就是图上靠在两腰上的 8 个小三角形面积的和。

当我们把底边 AC 分成为 16 等份时，内接台阶形的面积就更接近 △ABC 的面积了。也就是说，边上 16

个小三角形面积的和变得更小了。

当我们把底边 AC 分划的份数无限增多时，台阶形面积的极限就是△ABC 的面积。也就是靠两腰的三角形个数无限增加，而它们的面积的和是一个无穷小。

驳倒大主教

前面讲到牛顿从平均速度出发，正确地求出了瞬时速度。但是，他说不清楚 Δt 是不是零，以致被大主教贝克莱钻了空子，胡说 Δt 是什么消失了数量的"量的鬼魂"。有了极限，我们就可以驳倒贝克莱的谎言了。

牛顿求瞬时速度的方法，是先求出平均速度 v= $\frac{\Delta s}{\Delta t}$；当 Δt 越来越小时，平均速度越来越接近瞬时速度。还是拿前面的航船作例子，s=t², Δs=4Δt+(Δt)²，平均速度

$$v= \frac{\Delta s}{\Delta t} =4+\Delta t。$$

我们可以给 Δt 一串越来越小的数值：

Δt=1秒，0.1秒，0.01秒，0.001秒……相应地得到平均速度v的一串数值：

v=5米/秒，4.1米/秒，4.01米/秒，4.001米/秒……

随着Δt越来越接近零，平均速度v越来越接近4米/秒。它可以近到"要多近有多近""你说多近，可以近到比你说的还近"。这就是说，4米/秒是平均速度的极限。

那么，Δt究竟是不是零呢？

从Δt的变化过程，我们可以清楚地看出，虽然Δt的值越来越小——1，0.1，0.01，0.001，……但是它始终不等于零，所以我们求平均速度时，可以放心地拿Δt去除Δs。这样，平均速度$\frac{\Delta s}{\Delta t}$总是有意义的。

在Δt趋近于零的过程中，瞬时速度是平均速度的极限。这就是说，在取极限过程中，Δt始终没有取零。所以，不用担心会出现Δt=0这个不合理的步骤。

由于极限的结果与令Δt=0的结果完全一样，所以，牛顿能正确地求出瞬时速度的数值。在牛顿求瞬时速度的时候，极限的理论和方法还没有很好地建立起来，他只从结果上考虑，令Δt=0，造成了理论上的缺欠，让贝克莱钻了空子。

从极限角度看来，Δt 是一个无穷小，以零为极限。

小扇形问题

开普勒一开始就把圆分割成无穷多个小扇形，正确地求出了圆面积。但是他说不清楚，每个小扇形的面积是不是零。

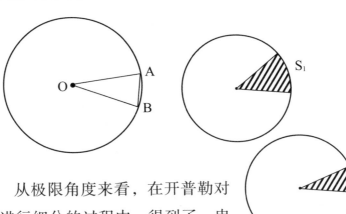

从极限角度来看，在开普勒对圆进行细分的过程中，得到了一串越来越小的小扇形面积 S_1，S_2，S_3，……这些小扇形的面积，组成的数列是一个无穷小。它本身不是零，而是以零为极限。

当开普勒把小扇形换成为小三

角形以后，小三角形面积的和，就是圆面积的近似值了。小扇形越小，相应的小三角形也越小，它们相差得也越小。这样，小三角形面积的和，也就越接近圆面积了。

　　在细分圆的过程中，小三角形面积的和组成了一个无穷数列S_1，S_2，S_3，……圆面积就是这个无穷数列的极限。

　　卡瓦列里用"不可分量"的方法求面积和体积遗留下来的问题，也同样可以用极限把它说清楚。

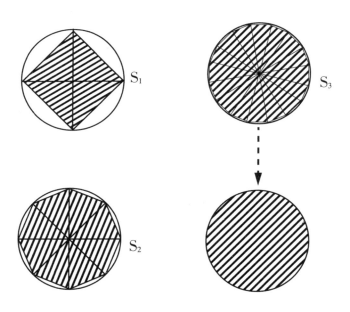

巧妙的方法

极限和无穷小紧紧相连，是无限过程的结果。要是把极限比作一曲动听的交响乐，那它的每一个乐章，都离不开无限这个主题。

π真的存在吗

π是多少？

你回答：π是3.1416。

3.1416是π的近似值，π的精确值等于多少？你回答：π是一个无理数，是一个无限不循环小数。因为无限而又不循环，所以需要没完没了地写下去，并

且永远也别想把它写完。

答得很好。既然π的值需要没完没了地写下去，永远也写不完，你怎么知道π一定存在呢？

你问道：这……这是什么问题呀？

这个问题很重要。看来，你还没想到过这个问题。整数和分数的存在是不容怀疑的。无限循环小数可以化成分数，它的存在也是不容怀疑的。一个永远写不完、又没有循环规律的无限不循环小数，怎么能肯定它的存在呢？

仔细想想这个问题，实在有认真研究的必要。下面，我们就来谈谈这个问题。

胡同里捉鸡

不知谁家的鸡跑到胡同里来了。

忽然，从一家院子里跑出来了一个小男孩，他想捉住这只鸡。只见鸡在前面，

一会儿快跑，一会儿慢走；小男孩一个劲在后面追，累得满头大汗，也没有捉住鸡。

这时候，从胡同的另一头，走来了一个小女孩，两个人一人把住一头，一步一步地逼近鸡。当两个小孩碰面的时候，鸡无处可逃，终于被捉住了。

小胡同里捉鸡启发了我们。如果把数轴当作一条小胡同，把 π 当作跑进胡同里的鸡，看看我们能不能用胡同里捉鸡的办法，去捉住 π 这只"鸡"。如果能够捉住，当然就可以肯定 π 的存在了。

在捉 π 的时候，我们通过圆内接正多边形和外切正多边形，可以不断地算出 π 的不足近似值和过剩近似值，用这两串数把 π 夹在中间：

$3 < \pi < 4$，

$3.1 < \pi < 3.2$，

$3.14 < \pi < 3.15$，

3.141<π<3.142，

……

如果把这两串数值画在数轴上，我们会发现，这两串数越来越靠近，就像两个小孩从胡同的两头，一步一步地逼近鸡似的。既然两个小孩碰面的时候，鸡被捉住了，那么，这两串数"碰面"的时候，就应该能捉住π。

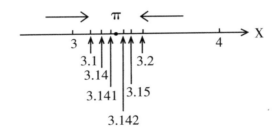

数学上已经证明，用捉鸡的方法，在数轴上捕捉实数时，一定能捕捉到一个，绝对不会叫你扑空。

对于任意给定的无穷数列

x_1，x_2，x_3，……

如果我们能够找到两列有共同极限的无穷数列：

a_1，a_2，a_3，……的极限为 M，

b_1，b_2，b_3，……的极限也为 M，

把所给的数列夹持在这两个数列之间，即

$$a_1 \leqslant x_1 \leqslant b_1, \quad a_2 \leqslant x_2 \leqslant b_2, \quad a_3 \leqslant x_3 \leqslant b_3, \quad \cdots\cdots$$

那么，所给的数列一定也以 M 为极限，即

$$x_1, \quad x_2, \quad x_3, \quad \cdots\cdots \text{的极限为 M。}$$

这个确定极限存在的方法，是用已知去逼近未知，用处广泛，十分重要。

死胡同捉 e

e 和 π 一样是一个无理数，一样很有用。

e 是怎样得到的呢？原来人们在研究无穷数列

$$(1+\frac{1}{1})^1, \quad (1+\frac{1}{2})^2, \quad (1+\frac{1}{3})^3, \quad \cdots\cdots \quad (1+\frac{1}{n})^n, \quad \cdots\cdots$$

时，证明这个数列肯定有一个极限存在，可是这个极限的数值等于多少呢？

观察这个数列的变化规律：

$$(1+\frac{1}{1})^1 = (1+1)^1 = 2;$$

$$(1+\frac{1}{2})^2 = (\frac{3}{2})^2 = 2.25;$$

$$(1+\frac{1}{3})^3 = (\frac{4}{3})^3 = \frac{64}{27} \approx 2.37;$$

$$(1+\frac{1}{4})^4 = (\frac{5}{4})^4 = \frac{625}{256} \approx 2.44;$$

$$\cdots\cdots$$

这个数列的数值从第一项起，一项比一项大。但是，不管你怎么往下算，它的数值永远小于2.8。这就好比在一条死胡同里捉鸡。

在死胡同里捉鸡，就不再需要两个小孩了，只要一个小孩就可以把鸡捉到。2.8就好比是胡同里堵死的一端。这个数列的极限，就好比是要捉的鸡；一项一项的数值，就好比是步步逼近鸡的小孩。当鸡跑近胡同的一头，无处可逃时，也终于让小孩捉住了。

人们就是用类似死胡同里捉鸡的方法，去捕捉这个极限，发现它是个无理数。数学家用e来表示它，

e = 2.718281828459045……

在数轴上捕捉实数，当发现一端是"堵死"的时候，只要从另一端步步逼近就可以了。

电工找断线

在具体使用两边夹逼的方法时，怎样才能找到两串数，由两边来逼近所求的值呢？使用较多的是"二分逼近法"。电工找断线，用的就是这个方法。

电线AB，不知什么地方断了。请来电工，他首先

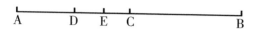

A   D   E   C   B

找到 AB 的中点 C，测试一下，如果 AC 之间通电，断线肯定在 BC 中间；如果 AC 之间不通电，那一定是 AC 中间断了。假定是 AC 中间断了，他再找到 AC 的中点 D，用同样的方法，找出断线是在 AD 之间，还是在 DC 之间。假定是 DC 之间断了，他再找出 DC 的中点 E。这样一次一次地测试，测试的电线一次比一次短，经过几次测试，就可以把断头找出来了。

电工寻找未知点，总是把断线一分为二，然后步步逼近。现在，我们用二分逼近法来捕捉无理数 $\sqrt{3}$：

因为 $1^2 < 3 < 2^2$，

所以 $\sqrt{3}$ 必然在 1 和 2 之间。

找到 1 和 2 的中点 1.5，

因为 $1.5^2 = 2.25 < 3$，

所以 $\sqrt{3}$ 必然在 1.5 和 2 之间。

再找到 1.5 和 2 的中点 1.75，

因为 $1.75^2 = 3.0625 > 3$，

所以 $\sqrt{3}$ 必然在 1.5 和 1.75 之间。

这样继续下去，范围越来越小，所得到的近似

值，也就越来越精确了。

当然，根据需要，采用别的分法也可以。

逼近曲边形

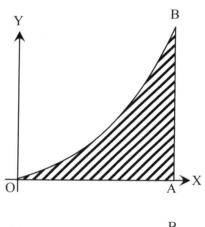

由曲线 OB 的端点 B，引垂直于 OX 轴的直线 BA，得到一个曲边三角形 OAB。怎样求曲边三角形 OAB 的面积呢？

乍一看去，这个问题好像很难，因为没有现成的公式可用。要是我们采用小孩捉鸡的方法，去逼近曲边三角形 OAB，很快就可以把它的面积求出来。

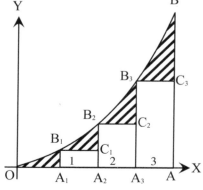

先把 OA 分成四等份，如图作出三个小矩

152

形1，2，3。我们用这三个小矩形面积的和S_3，来代替曲边三角形OAB的面积，相差的就是图中的斜线部分。S_3可以计算出来：

$$S_3=1+2+3=A_1B_1 \times A_1A_2+A_2B_2 \times A_2A_3+A_3B_3 \times A_3A=\frac{OA}{4} \times$$
$$(A_1B_1+A_2B_2+A_3B_3)$$

你可能会想，这样近似代替的误差不是太大吗？的确太大了，但是可以想办法使误差小一些。方法是把OA多分几份，比如分成十等份，作出九个小矩形。用九个小矩形面积的和S_9，来代替曲边三角形OAB的面积，这时相差的面积就小多了。

我们如果再多分下去，分得越多，相差的面积也越小。也就是说，所有小矩形面积的和，与曲边三角形OAB的面积越接近于相等。你看，在无限等分过程中，所有小矩形面积的极限，就是曲边三角形OAB的面积了。

在一般情况下，当我们还不知道另一边是不是"堵死"的时候，为了保险起见，我们应该从两边去追近它。求曲边三角形OAB的面积，也可以用两边逼近法，如下图。

当我们等分OA的份数越来越多时，里面小矩形面积的和越来越大，外面小矩形面积的和越来越小；当里外"碰面"的时候，就捉住了曲边三角形OAB的面积这只"鸡"。

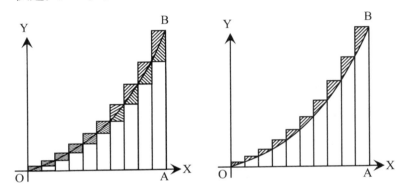

神秘的无限

在极限的基础上，建立起一门十分重要的数学分支，叫作微积分。它专门和无限打交道。

在一般人看来，无穷、无限就是没完没了，没有尽头，没有止境。过去，有人把无限看成是神秘的、不可捉摸的东西；也有人把无限看成是崇高的、神圣的东西。诗人哈莱曾写诗颂扬无限：

我将时间堆上时间，世界堆上世界，将庞大的万千数字，堆积成山，假如我从可怕的峰巅，晕眩地再向你看，还是够不着你一星半点。

也有人觉得无限是不可理解的。德国哲学家康德，就曾经为无限苦恼过。他说，无限像一个梦，一个人永远看不出前面还有多少路要走。看不到尽头，尽头是摔了一跤或者晕倒下去。但是，尽管是摔了一跤或者晕倒下去，也不可能到达无限的尽头。

微积分恰恰是运用这种被看作是不可理解的无限，创造出一种崭新的数学方法，为解决大量的实际问题，为科学技术的发展，作出了十分宝贵的贡献。

现在，微积分这棵参天大树，已经是枝叶繁茂，果实累累，正在为人类作出更大的贡献。

惊人的预言

　　自牛顿和莱布尼兹创立微积分到现在，已经三个多世纪了。下面，讲几个早期的例子，看看微积分是怎样推动自然科学向前发展的。

地球的模样

18世纪的欧洲，随着科学的进步，人们逐渐认识到地球不是一个很圆的球体，而是有一点儿扁，是一个扁球体。地球是怎样扁法的呢？在那时有着两种截然不同的认识，形成了两个对立的学派。

一派是以法国巴黎天文台台长卡西尼为首的法国科学家。他们根据法国哲学家笛卡尔的宇宙学说，认为地球在南北两极是伸长的，像一个直立的鸡蛋。但是，牛顿利用力学原理，用微积分等数学工具，对地球的形状进行了计算，算出地球的形状在两极是扁平的，扁平率为 $\frac{1}{230}$。这就形成了另一派。两派争论激烈，谁也说服不了谁。

为了让事实做出回答，1735年，法国巴黎科学院同时派出两支测量远征队，进行大地测量，以便判定谁是谁非。一支测量队到南美秘鲁的别鲁安，另一支测量队到北方的拉普兰德。测量的结果，表明了地球是扁平的。

地球扁平形状的确定，是牛顿力学的胜利，也是微积分的胜利。

哈雷的功绩

彗星是一种特殊的天体。它有一颗明亮的彗头，拖着一条美丽的彗尾。在很长的时期里，人们不了解彗星是什么东西，以为它在天上一出现，地上就要发生大灾大难。

科学从它产生的那天起就是反对迷信的。1682年，英国天文学家哈雷，对那一年出现的一颗彗星进行了计算，又整理了从1337年以来有关彗星的记录。他根据微积分计算出来的结果，宣布这颗彗星在1758年还要回来的。

1743年，法国数学家克雷罗，考虑到木星和土星对这颗彗星的影响，用微积分重新进行了计算。克雷罗指出：这颗彗星由于受木星和土星的影响，将不在1758年，而是在1759年再一次出现。到了1759年，这颗美丽的彗星果然又一次出现在夜空中。

这颗彗星的按期出现，证实了哈雷预言的正确。

为了表彰哈雷的功绩，后来，人们就把这颗彗星叫作"哈雷彗星"。

在我国史书《春秋》中，就有公元前613年对哈雷彗星的记录。

把数算错了

细心的科学家有时也会算错数。根据推算，哈雷彗星将于1910年再一次出现。可是，因为在计算哈雷彗星轨道时算错了数，他们曾预言在1910年，哈雷彗星会与地球迎面相撞，一起毁灭。于是，教会乘机大做文章，说什么1910年是"人类的末日"。有的人害怕地球与哈雷彗星相撞，赶忙卖掉财产，吃喝玩乐之后，跳楼自杀了。后来科学家发现轨道计算错了，又重新进行了计算，结果是地球并不会与哈雷彗星迎面相撞，而只是穿过哈雷彗星的尾部。

一波未平，一波又起。又有人造谣说哈雷彗星的尾部是由剧毒气体组成，人类即使不被哈雷彗星撞死，也会被剧毒气体熏死。

有人出主意，让每家准备好大水缸，装好水，等

哈雷彗星一到，人立刻钻进水缸里去。有的药店还兜售什么"彗星药丸"，说吃了就可以不被毒死。

1910年，人们怀着紧张的心情，等来了哈雷彗星。可是，除了看见美丽明亮的哈雷彗星外，全世界安然无恙。

发现海王星

太阳系有八大行星。由里往外数，最外面的两颗，依次是天王星和海王星。这两颗行星，因为离地球越来越远，不容易看到，所以一个比一个发现得晚。

1781年，英国天文学家赫歇耳，用望远镜发现了天王星。在研究天王星运行轨道时，发现实际观察的轨道，与根据力学原理，用微积分等数学工具计算出来的轨道不相符合。这是为什么呢？当时就有人预言：在天王星的外面，可能还存在着一颗尚未发现的

新行星。可是，在无边无际的天空，到哪儿去找这颗新行星呢？

64年过去了。到了1845年，英国剑桥大学数学系学生亚当斯，根据力学原理，利用微积分等数学工具，进行了一系列困难的计算，算出了这颗新行星的轨道。这年10月21日，他把计算的结果，寄给了英国格林尼治天文台台长艾利，可惜没有引起重视，也没有人用望远镜去寻找这颗新行星。

比亚当斯稍晚，法国巴黎天文台青年科学家勒威耶，用微积分等数学工具，计算了由几十个方程组成的方程组，算出了这颗新行星的轨道。1846年9月18日，勒威耶写信给当时拥有详细星图的柏林天文台的伽勒。他在信中写道："请你把你们的天文镜指向黄经326°外的宝瓶座内的黄道的一点上，你将在离此点的1°左右的区域内，发现一个强而明显的新行星。"伽勒于1846年9月23日夜间，就在离所指点相差52' 的地方，发现了这颗新行星。人们给它取名海王星。

这颗新行星的发现，完全是根据力学原理，用微积分等数学工具算出来的。因此，人们称海王星为一颗笔尖上的行星。

利用微积分进行计算，人们还解决了月亮会不会撞到地球上的问题。

当时天文观测的结果表明，月亮的轨道正在不断缩小。人们开始担心是不是有那么一天，月亮会和地球相撞呢？后来用微积分计算，证明了月亮轨道的缩小是周期性的，缩到一定程度后还要开始膨胀，根本用不着杞人忧天，担心月亮和地球相撞。

一门生命力强的学科，必须有坚实的理论基础。微积分的基础是极限理论。微积分创立于17世纪，可是极限理论的提出却相当晚，它是在19世纪，由法国的柯西和德国的魏尔斯特拉斯提出来的。

在极限理论产生之前，人们对微积分的基础有着各种不同看法和争论。当时，虽然在科学研究中广泛使用微积分，可是对于什么是微积分的基础，却没有一个共同的认识。

极限理论的产生，统一了人们的认识，推动了微积分的发展。

1960年，美国数学家鲁滨逊运用数理逻辑的科学方法，把微积分建立在一种新的数学理论之上。科学家为了区别以极限理论为基础的微积分，把在新理论基础上建立起来的微积分叫作"非标准分析"。

非标准分析问世几十年来，引起了数学界的广泛注意，也产生了一些不同的看法。有的数学家认为，非标准分析比传统的微积分更严谨，更适用于进行理论上的探索。也有的数学家认为，非标准分析把传统微积分中丰富的思想砍掉了；个别人甚至把传统微积分比作一个美女，说非标准分析是一具"美女的骷髅"。

认识在争论中提高，科学在争论中发展。明天的微积分，一定会更加完善、充实和有用！